北京电子科技职业学院 "百名教师到企业挂职（岗）实践、开发百门工学结合
BEIJING POLYTECHNIC 项目课程、编写百部工学结合校本教材活动"系列教材

职业教育"十三五"规划课程改革创新教材

液压气动系统安装与调试

杜 钧 赵堂春 季 君 编著

科学出版社

北 京

内 容 简 介

本书涵盖液压传动系统及气压传动系统的理论基础知识，在此基础上分析控制回路的原理及功能，使读者能够依据实际要求进行简单的系统设计，能够正确选择元器件并搭接及调试回路；本书从液压气压原理、系统组成，元器件识别、工作原理、接线、监测、故障诊断，电气气动控制系统原理，液压气动项目分析等方面，叙述了液压传动系统及气压传动系统的理论基础知识、各种元器件的图形符号、结构、功能、工作原理及综合应用，分析各种元器件在回路中的作用以及选择原则；针对部分工程中的典型系统进行分析，并进行一些简单设计、搭接和调试；针对常见故障原因及解决方法进行判断分析。

本书的编写切实从职业院校学生的实际出发，注重实用性、可操作性，强调对学生分析问题、独立解决实际问题能力的培养。

本书既可作为高等职业院校机电类、自动控制与电气类等相关专业的教材，也可作为相关专业师生、工程技术人员及职工技术培训的参考用书。

图书在版编目（CIP）数据

液压气动系统安装与调试/杜钧，赵堂春，季君编著. —北京：科学出版社，2016

（职业教育"十三五"规划课程改革创新教材）

ISBN 978-7-03-048017-0

Ⅰ. ①液… Ⅱ. ①杜… ②赵… ③季… Ⅲ. ①液压系统－安装－高等职业教育－教材 ②液压系统－调试方法－高等职业教育－教材 ③气压系统－安装－高等职业教育－教材 ④气压系统－调试方法－高等职业教育－教材 Ⅳ. ①TH137 ②TH138

中国版本图书馆 CIP 数据核字（2016）第 069698 号

责任编辑：张振华 / 责任校对：刘玉靖
责任印制：吕春珉 / 封面设计：曹 来

科学出版社 出版
北京东黄城根北街 16 号
邮政编码：100717
http://www.sciencep.com

天津翔远印刷有限公司 印刷
科学出版社发行 各地新华书店经销

*

2016 年 4 月第 一 版　　开本：787×1092　1/16
2019 年 7 月第二次印刷　　印张：12 1/4
字数：200 000
定价：29.00 元
（如有印装质量问题，我社负责调换〈翔远〉）
销售部电话 010-62136230 编辑部电话 010-62135120-2005（VT03）

北京电子科技职业学院
"三百活动"系列教材编写指导委员会

主　　任：安江英

副主任：王利明

委　　员：（以姓氏笔画为序）

于　京　　马盛明　　王　萍　　王　霆

王正飞　　牛晋芳　　叶　波　　兰　蓉

朱运利　　刘京华　　李友友　　李文波

李亚杰　　何　红　　陈洪华　　高　忻

黄　燕　　黄天石　　蒋从根　　翟家骥

序　言

　　职业教育作为与经济社会联系最为紧密的教育类型，它的发展直接影响生产力水平的提高和经济社会的可持续发展。职业教育的逻辑起点是从职业出发，是为受教育者获得某种职业技能和职业知识、形成良好的职业道德和职业素质，从而满足从事一定社会生产劳动的需要而开展的一种教育活动。高等职业教育以培养高端技能型专门人才为教育目标，由于职业教育与普通教育的逻辑起点不同，其人才培养方式也是不同的。教育部《关于推进高等职业教育改革创新引领职业教育科学发展的若干意见》（教职成〔2011〕12号）等文件要求"高等职业学校要与行业（企业）共同制订专业人才培养方案，实现专业与行业（企业）岗位对接、专业课程内容与职业标准对接；引入企业新技术、新工艺，校企合作共同开发专业课程和教学资源；将学校的教学过程和企业的生产过程紧密结合，突出人才培养的针对性、灵活性和开放性；将国际化生产的工艺流程、产品标准、服务规范等引入教学内容，增强学生参与国际竞争的能力"，其目的是要深化"校企合作、工学结合"人才培养模式改革，创新高等职业教育课程模式，在中国制造向中国创造转变的过程中，培养适应经济发展方式转变与产业结构升级需要的"一流技工"，不断创造具有国家价值的"一流产品"。我校致力于研究与实践高等职业教育创新发展的中心课题，从区域经济结构特征出发，确立了"立足开发区，面向首都经济，融入京津冀，走出环渤海，与区域经济联动互动、融合发展，培养适应国际化大型企业和现代高端产业集群需要的高技能人才"的办学定位，形成了"人才培养高端化，校企合作品牌化，教育标准国际化"的人才培养特色。

　　为了创新高端技能型人才培养的课程模式，增强服务区域经济发展的能力，寻求人才培养与经济社会发展需求紧密衔接的有效教学载体，学校于2011年启动了"百名教师到企业挂职（岗）实践、开发百门工学结合项目课程、编写百部工学结合校本教材活动"（简称"三百活动"），资助100名优秀专职教师作为项目课程开发负责人，脱产到世界500强企业挂职（岗）实践锻炼，去选择"好的企业标准"，转化为"好的教学项目"。教师通过深入生产一线，参与企业技术革新，掌握企业的技术标准、工作规范、生产设备、生产过程与工艺、生产环境、企业组织结构、规章制度、工作流程、操作技能等，遵循教育教学规律，收集整理企业生产案例，并开发转化为教学项目，进行"教、学、训、做、评"一体化课程教学设计，将企业的"新观念、新技术、新工艺、新标准"等引入课程与教学过程中。通过"三百活动"，有效促进了教师的实践教学能力、职业教育的项目课程开发能力、"教、学、训、做、评"一体化课程教学设计能力与职业综合素质。

　　学校通过"教师自主申报"、"学校论证立项"等形式，对项目的选题、实施条件等进行充分评估，严格审核项目立项。在项目实施过程中，做好项目跟踪检查、项目中期检查、项目结题验收等工作，确保项目的高质量完成。《液压气动系统安装与调试》是我校"三百活动"系列教材之一。课程建设团队将企业系列真实项目转化为教学载体，经过两轮的"教、学、训、做、评"一体化教学实践，逐步形成校本教学资源，并最终完成本书的建设工作。"三百活动"系列教材建设，得到了各级领导、行业企业专家和教育专家的大力支持和热心的指导与帮助，在此深表谢意。相信这套"三百活动"系列教材能为我国高等职业教育的课程模式改革与创新做出积极的贡献。

北京电子科技职业学院

副校长　安江英

2013 年 2 月

前　　言

为了适应高等职业教育不断发展的需求，针对高职高专机电类、自动控制与电气类等专业的人才培养目标和岗位技能需要，编者结合企业调研及多年的教学经验编写了本书。

本书在较全面地阐述液压与气动技术基础理论的基础上，强调理论内容"以够用为度"，以提高学生的应用技能和综合素质为原则，并力求使教材内容反映我国液压与气动技术发展的最新状况。

本书遵循学生的认知规律，将理论知识与实践应用紧密结合，模拟企业生产环境，渗透企业文化，采用以单元为主线的讲练融合的形式，对液压与气动技术的知识进行重新构建，将学生的职业能力和职业素养的培养也融于其中。本书具有以下特点：

1. 呈现形式新颖，表现手法创新。将液压与气压传动的知识以单元的形式呈现，将元件的结构功能放在每个具体应用中讲解，将系统的控制原理与单元的功能要求相融合。通过学生动手搭接与调试系统，领悟知识内涵，达到真正的理实一体化。

2. 常用的典型液压与气动的控制原理覆盖齐全。本书涵盖了液压与气动技术的基本控制原理和控制回路，充分保障基本知识和基本技能的学习。

3. 技术技能全面，可操作性强。每个单元都介绍一个小型生产设备或机构，包含了液压、气动的各种典型控制回路。另外，本书还增加了电气控制技术应用的相关内容，并注重电-气液压与气动知识的应用，达到了气、液、电技术相互渗透。按照本书，学生能顺利完成任务，更符合企业实际生产，贴近企业的人才需求，达到培养目标。

4. 内容更全面。本书增加了典型液压与气动系统故障的诊断与排除，注重实用性，突出实用技术的应用，从而拓展学生的知识面，提高学生的技能水平。

5. 本书附录提供了常用的液压与气动以及电气标准图形符号。每个单元均配有思考题，帮助学生有针对性地巩固知识。

本书共 7 个单元，其中单元 1～3 由赵堂春编写，单元 4～6 和附录由杜钧编写，单元 7 由季君编写。杜钧负责全书的框架设计和统稿。

在编写本书过程中，编著者参考了大量的文献，在此谨向有关作者表示衷心的感谢。同时，特别感谢费斯托公司和博世力士乐公司教学培训系统为我们提供了宝贵的资料。

由于编著者水平有限，书中难免存在疏漏和不妥之处，敬请读者批评指正。

目　　录

认识液压传动系统

>>>>

◎ **单元导读**

　　液压传动是以液压油为工作介质，进行能量传递和控制的一种传动形式。可以利用不同的元件组成不同功能的基本回路，再由若干个基本回路组成能完成一定功能的传动系统，以满足机电设备对各种运动和动力的要求。

1.1 液压传动概述

◎ **学习重点**

1. 液压传动的工作原理。
2. 液压传动系统的组成及部件功能。
3. 液压元件的图形符号（职能符号）。

1.1.1 液压传动的工作原理

液压传动的工作原理可以用一个液压千斤顶的工作原理来说明，如图1-1所示。

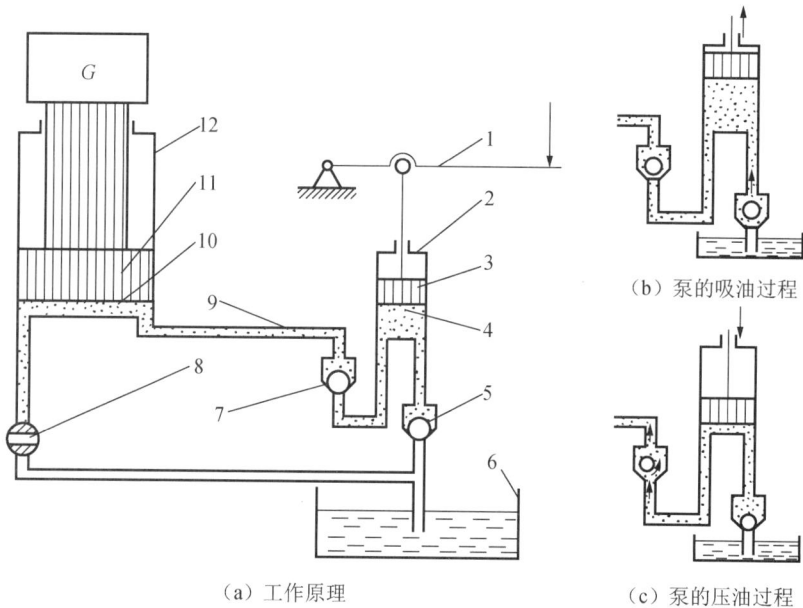

图1-1　液压千斤顶的工作原理

1—杠杆　2—泵体　3，11—活塞　4，10—油腔　5，7—单向阀　6—油箱　8—放油阀　9—油管　12—缸体

工作时，关闭放油阀8，向上提起杠杆，活塞3被带动上升，如图1-1（b）所示，泵体油腔4的工作容积增大，由于单向阀7受油腔10中油液的作用力而关闭，油腔4形成真空，油箱6中的油液在大气压力的作用下推开单向阀5的钢球，进入并充满油腔4。压下杠杆，活塞3被带动下移，如图1-1（c）所示，泵体油腔4的工作容积减小，其内的油液在外力的挤压作用下压力增大，迫使单向阀5关闭，而单向阀7的钢球被推

开，油液经油管 9 进入缸体油腔 10，缸体油腔的工作容积增大，推动活塞 11 连同重物 G 一起上升。反复提、压杠杆就能不断地从油箱吸入油液并压入缸体油腔 10，使活塞 11 和重物不断上升，从而达到起重的目的。提、压杠杆的速度越快，单位时间内压入缸体油腔 10 的油液越多，重物上升的速度越快；重物越重，下压杠杆的力就越大。停止提、压杠杆，单向阀 7 被关闭，缸体油腔中的油液被封闭，此时，重物保持在某一位置不动。

将放油阀 8 旋转 90°，缸体油腔 10 直接连通油箱，油腔中的油液在重物的作用下流回油箱，活塞 11 下降并恢复到原位。

液压千斤顶是一个简单的液压传动装置，从其工作过程可以看出，液压传动的工作原理是：以油液作为工作介质，通过密封容积的变化来传递运动，通过油液内部的压力来传递动力。

1.1.2   液压传动系统的组成

由图 1-1 所示液压千斤顶的工作原理可以看出，液压系统除工作介质油液外，一般由下列 4 个部分组成：

（1）动力装置：液压传动系统的动力部分，用于将原动机的机械能转换为油液的压力能（液压能）。能量转换元件为液压泵，在液压千斤顶中为手动柱塞泵。

（2）执行装置：将液压泵输入的油液压力能转换为带动工作机构的机械能。执行元件有液压缸和液压马达，在液压千斤顶中为液压缸。

（3）控制调节装置：用来控制和调节油液的压力、流量和流动方向。控制元件有各种压力控制阀、流量控制阀和方向控制阀等，在液压千斤顶中为放油阀、单向阀。

（4）辅助装置：将前面三部分连接在一起，组成一个系统，起储油、过滤、蓄能、测量和密封等作用，保证系统正常、稳定地工作。辅助元件有管路和接头、油箱、过滤器、蓄能器、密封件和控制仪表等，在液压千斤顶中为油管、油箱。

图 1-2（a）所示为一个简化了的机床工作台液压传动系统。其动力装置为液压泵 3，执行装置为双活塞杆液压缸 6，控制调节装置有人力控制（手动）三位四通换向阀 7、节流阀 8、溢流阀 9，辅助装置包括油箱 1、过滤器 2、压力计 4 和管路等。

液压泵由电动机驱动进行工作，油箱中的油液经过滤器被吸流往液压泵吸油口，并经液压泵升压后向系统输出。油液经节流阀、换向阀的 P-A 通道（此时，换向阀的阀芯在图示的左边位置）进入液压缸的右腔，推动活塞连同工作台 5 向左运动，液压缸左腔的油液则经换向阀的 B-O 通道流回油箱。节流阀开口的大小可以调节油液的流量，从而调节液压缸连同工作台的运动速度。由于节流阀开口较小，在开口前后油液存在压力差，当系统压力达到某一数值时，溢流阀被打开，系统中多余的油液经溢流阀开口流回油箱。

当换向阀的阀芯移至右边位置时，来自液压泵的压力油液经换向阀的 P-B 通道进入液压缸的左腔，推动活塞连同工作台向右运动，液压缸右腔的油液则经换向阀的 A-O 通道流回油箱。

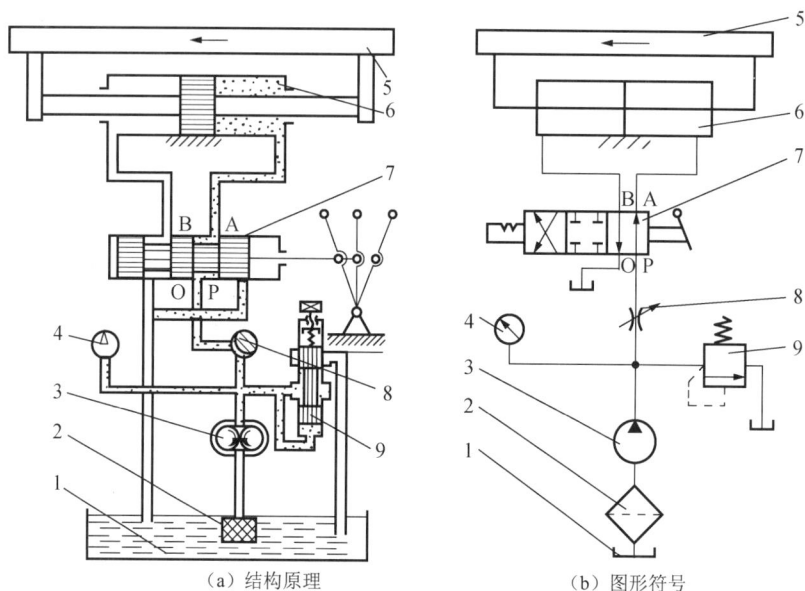

图 1-2　机床工作台液压传动系统

1—油箱　2—过滤器　3—液压泵　4—压力计　5—机床工作台　6—液压缸　7—换向阀　8—节流阀　9—溢流阀

当换向阀的阀芯处于中间位置时，换向阀的进、回油口全被堵死，使液压缸两油腔既不进油也不回油，活塞停止运动。此时，液压泵输出的压力油液全部经过溢流阀流回油箱，即在液压泵工作的情况下，也可以使工作台在任意位置停止。

1.1.3　液压元件的图形符号

图 1-1 所示的液压千斤顶和图 1-2（a）所示的机床工作台液压传动系统的结构原理图具有直观性强、容易理解的特点，但绘制较复杂，特别是当系统中元件较多时，绘制更为困难。如果采用图形符号来代表各液压元件，那么，绘制液压系统原理图将既方便又清晰。图 1-2（b）就是用图形符号绘制的机床工作台液压传动系统图。图中的图形符号只表示元件的功能、操作（控制）方法及外部连接口，不表示元件的具体结构及参数、连接口的实际位置和元件的安装位置。

我国已经制定了一种用规定的图形符号来表示液压原理图中的各元件和连接管路的国家标准，即 GB/T 786.1—2009《流体传动系统及元件图形符号和回路图　第 1 部分：用于常规用途和数据处理的图形符号》，该标准中，对于这些图形符号有以下几条基本规定：

（1）符号只表示元件的职能、连接系统的通路，不表示元件的具体结构和参数，也不表示元件在机器中的实际安装位置。

（2）元件符号内的油液流动方向用箭头表示，线段两端都有箭头的，表示流动方向可逆。

（3）符号均以元件的静止位置或中间零位置表示，当系统的动作另有说明时，可作例外。

图 1-3 和图 1-4 所示分别为机床工作台液压系统的结构原理和图形符号。

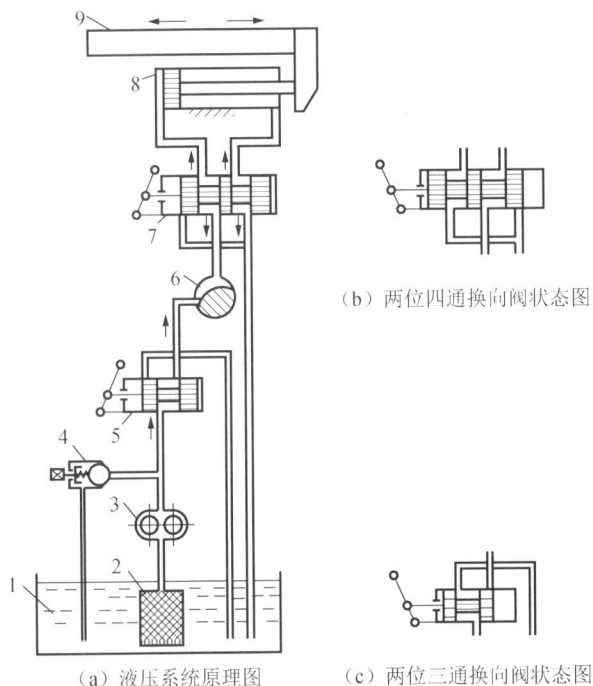

（a）液压系统原理图　　（c）两位三通换向阀状态图　　（b）两位四通换向阀状态图

图 1-3　机床工作台液压系统的结构原理

1—油箱　2—过滤器　3—液压泵　4—溢流阀
5—二位三通换向阀　6—节流阀　7—二位四通换向阀
8—液压缸　9—工作台

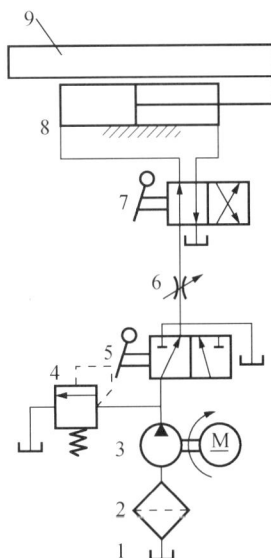

图 1-4　机床工作台液压系统的图形符号

1—油箱　2—过滤器　3—液压泵　4—溢流阀
5—二位三通换向阀　6—节流阀
7—二位四通换向阀　8—液压缸　9—工作台

1.1.4　液压传动的优缺点

液压传动之所以能得到广泛的应用，是由于它具有以下优点：

（1）由于液压传动是油管连接，所以借助油管的连接可以方便灵活地布置传动机构，这是比机械传动优越的地方。例如，在井下抽取石油的泵可采用液压传动来驱动，以克服长驱动轴效率低的缺点。由于液压缸的推力很大，又加之极易布置，不仅操作方便，而且外形美观大方，在挖掘机等重型工程机械上，已基本取代了老式的机械传动。

（2）液压传动装置的质量小、结构紧凑、惯性小。例如，相同功率液压马达的体积为电动机的 12%～13%。液压泵和液压马达单位功率的重量指标目前是发电机和电动机的 1/10，液压泵和液压马达可小至 0.0025N/W（牛/瓦），发电机和电动机则约为 0.03N/W。

（3）可在大范围内实现无级调速。借助阀或变量泵、变量马达，液压传动可以实现无级调速，调速范围可达 1∶2000，并可在液压装置运行的过程中进行调速。

（4）传递运动均匀平稳，负载变化时速度较稳定。基于此特点，金属切削机床中的磨床传动现在几乎都采用液压传动。

（5）液压装置易于实现过载保护——借助于设置溢流阀等，同时液压件能自行润滑，因此使用寿命长。

（6）液压传动容易实现自动化——借助于各种控制阀，特别是液压控制和电气控制结合使用时，能很容易地实现复杂的自动工作循环，而且可以实现遥控。

（7）液压元件已实现了标准化、系列化和通用化，便于设计、制造和推广使用。

液压传动的缺点是：

（1）液压系统中的漏油等因素，影响运动的平稳性和正确性，使得液压传动不能保证严格的传动比。

（2）液压传动对油温的变化比较敏感。温度变化时，液体黏性发生改变，引起运动特性的变化，使得工作的稳定性受到影响，所以它不宜在温度变化很大的环境条件下工作。

（3）为了减少泄漏，以及为了满足某些性能上的要求，液压元件的配合件制造精度要求较高，加工工艺较复杂。

（4）液压传动要求有单独的能源，不像电源那样使用方便。

（5）液压系统发生故障不易检查和排除。

总之，液压传动的优点是主要的，随着设计制造和使用水平的不断提高，有些缺点正在逐步被克服。液压传动有着广泛的发展前景。

1.2 液体静力学基础

◎ 学习重点

1. 压力的形成。
2. 静压传递原理。
3. 压力的表示方法。

　　液体静力学研究的是液体处于静止状态下的力学规律和这些规律的实际应用。"静止状态"是指液体内部质点之间没有相对运动。

1.2.1 压力的概念及其特性

　　油液的压力是由油液的自重和油液受到外力作用所产生的。在液压传动中，与油液受到的外力相比，油液的自重一般很小，可忽略不计。以后所说的油液压力主要指因油液表面受外力（不计大气压力）作用所产生的压力，即相对压力或表压力。

　　如图1-5（a）所示，油液充满密闭的液压缸左腔，当活塞受到向左的外力 F 作用时，液压缸左腔内的油液（被视为不可压缩）受活塞的作用处于被挤压状态，同时，油液对活塞有一个反作用力 F_p 而使活塞处于平衡状态。不考虑活塞的自重，则活塞平衡时的受力情形如图1-5（b）所示。作用于活塞的力有两个，一个是外力 F，另一个是油液作用于活塞的力 F_p，两力大小相等，方向相反。如果活塞的有效作用面积为 A，油液作用在活塞单位面积上的力则为 F_p/A，活塞作用在油液单位面积上的力为 F/A。油液单位面积上承受的作用力称为压强，在工程上习惯称为压力，单位为帕（Pa），用符号 p 表示，即

$$p = \frac{F}{A} \tag{1-1}$$

式中，p ——油液的压力，Pa；
　　　 F ——作用在油液表面上的外力，N；
　　　 A ——油液表面的承压面积，即活塞的有效作用面积，m^2。

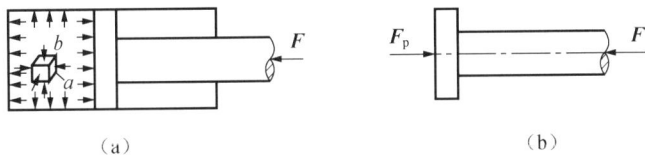

（a）　　　　　　　　　　　　　（b）

图1-5　油液压力的形成

　　工程上常用的压力单位还有兆帕（MPa）、吉帕（GPa），它们的关系为

$$1GPa=10^3MPa, \quad 1MPa=10^6Pa$$

　　由上述分析可知，液压系统中某处油液的压力是由于受到各种形式负载的挤压而产生的。

　　压力的特性：液体的压力沿着内法线方向作用于承压面；静止液体内任一点处的压力在各个方向上都相等。

　　液压传动中，压力按其大小分为五级，如表1-1所示。

表 1-1　液压传动的压力分级

压力分级	低压	中压	中高压	高压	超高压
压力范围/MPa	≤2.5	2.5（不含）～8.0	8.0（不含）～16.0	16.0（不含）～32.0	>32.0

　　液压系统及元件在正常工作条件下，按试验标准连续运转（工作）的最高工作压力称为额定压力，超过此值，液压系统便过载。液压系统必须在额定压力以下工作。额定压力也是各种液压元件的基本参数之一。额定压力应符合公称压力系列。GB/T 2346—2003《流体传动系统及元件　公称压力系列》对公称压力做了规定。表 1-2 所示为公称压力系列中常用部分的摘录。

表 1-2　液压气动系统及元件公称压力系列　　　　　　单位：MPa

常用公称压力							
—	1.0	1.6	2.5	4.0	6.3	（8.0）	10.0	（12.5）
16.0	20.0	25.0	31.5	40.0	50.0	63.0	80.0	100.0

注：括号内公称压力值为非优先选用者。

1.2.2　静压传递原理

　　静压传递原理也称帕斯卡原理，即密闭容器内，施加于静止液体中任意一点的压力能传递到液体中的各点，且其压力值不变。

　　液压千斤顶就是利用静压传递原理传递动力的。如图 1-6 所示，当柱塞泵活塞 1 受外力 F_1 作用（液压千斤顶压油）时，柱塞泵油腔 5 中油液产生的压力为

$$p_1 = \frac{F_1}{A_1}$$

　　此压力通过油液传递到液压缸油腔 3，即油腔 3 中的油液以 p_2 垂直作用于液压缸活塞 2，活塞 2 上受到作用力 F_2，根据帕斯卡原理有 $p_1 = p_2$，即

$$\frac{F_1}{A_1} = \frac{F_2}{A_2}$$

或

$$\frac{F_1}{F_2} = \frac{A_1}{A_2} \tag{1-2}$$

式中，F_1 ——作用在活塞 1 上的力，N；

　　　F_2 ——作用在活塞 2 上的液压作用力，N；

　　　A_1，A_2 ——活塞 1、2 的有效作用面积，m^2。

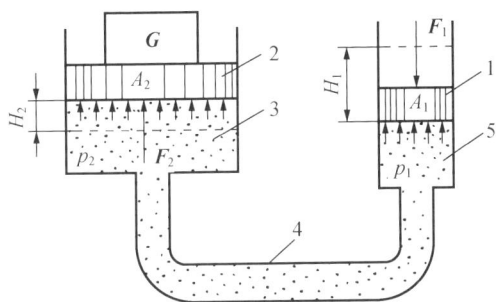

图 1-6 液压千斤顶的压油过程

1—柱塞泵活塞 2—液压缸活塞 3—液压缸油腔 4—管路 5—柱塞泵油腔

由式（1-2）可知，活塞 2 上所受的液压作用力 F_2 与活塞 2 的有效作用面积 A_2 成正比。如果 $A_2 \gg A_1$，则只要在柱塞泵活塞 1 上作用一个很小的力 F_1，便能获得很大的力 F_2，用以推动重物。这就是液压千斤顶在人力作用下能顶起很重物体的道理。

例 1-1 如图 1-6 所示，已知活塞面积 $A_1 = 1.13 \times 10^{-4} \text{m}^2$，$A_2 = 9.62 \times 10^{-4} \text{m}^2$，压油时，作用在活塞 1 上的力 $F_1 = 5.78 \times 10^3 \text{N}$。柱塞泵油腔 5 内的油液压力 p_1 为多大？液压缸能顶起多重的重物？

解：（1）油腔 5 内油液的压力 p_1 为

$$p_1 = \frac{F_1}{A_1} = \frac{5.78 \times 10^3}{1.13 \times 10^{-4}} \approx 5.115 \times 10^7 \text{Pa} = 51.15 \text{MPa}$$

（2）活塞 2 向上的推力即作用在活塞 2 上的液压作用力 F_2 为

$$F_2 = p_1 A_2 = 5.115 \times 10^7 \times 9.62 \times 10^{-4} \approx 4.92 \times 10^4 \text{N}$$

（3）能顶起重物的重量 G 为

$$G = F_2 \approx 4.92 \times 10^4 \text{N}$$

静压传递原理是液压传动的两个基本原理之一。

1.2.3 压力的测量与表示

压力按照基准不同可以分为绝对压力和表压力（即相对压力）。绝对压力是以绝对真空为基准的压力，表压力是以大气压力为基准的压力。由于大多数测量仪表所测得的压力都是相对压力，所以相对压力也称为表压力。

绝对压力与表压力之间的关系为

绝对压力=表压力+大气压力

当绝对压力小于大气压力时，比大气压力小的那部分数值称为真空度，即

真空度=大气压力-绝对压力

绝对压力、表压力及真空度相对关系如图 1-7 所示。

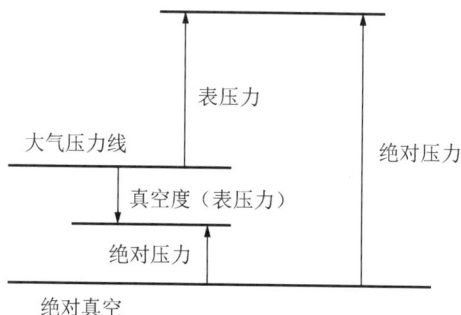

图 1-7　绝对压力、表压力及真空度的相对关系

1.3　流体动力学基础

◎ **学习重点**

1. 流量及表示方法。
2. 流速的形成（平均流速的计算、流量的计算等）。
3. 液压缸运动速度的影响因素。

液体动力学研究液体流动时的流动状态、运动规律及能量转换等问题。这里主要分析流动液体的流量、流速、液体流动连续性及能量守恒定律。

1.3.1　流量

液体在通道中流动时，垂直于液体流动方向的通道截面称为通流截面。单位时间内流过某通流截面的液体体积称为流量，用符号 q_V 表示。

若在时间 t 内，流过管路或液压缸某一截面的油液体积为 V，则油液的流量

$$q_V = \frac{V}{t} \tag{1-3}$$

流量的单位为米³/秒（m³/s），常用单位为升/分（L/min），换算关系为

$$1\mathrm{m^3/s} = 6 \times 10^4 \mathrm{L/min}$$

1.3.2　流速和平均流速

由于油液与管路壁或液压缸壁、油液内部之间的摩擦力大小不同，因此油液流动时，

在管路或液压缸某一截面上各点处的流速是不相等的，通常采用平均流速进行近似计算。

油液通过管路或液压缸的平均流速 $\bar{v}$ 可用下式计算：

$$\bar{v} = \frac{q_V}{A}$$

（1-4）

式中，$\bar{v}$——油液通过管路或液压缸的平均流速，m/s；

q_V——油液的流量，m^3/s；

A——管路的通流面积或液压缸（或活塞）的有效作用面积，m^2。

在液压缸中液体的流动速度可以认为是均匀分布的，即液体流动速度与活塞（或液压缸体）运动速度相同。当液压缸的有效工作面积 A 一定时，活塞（或液压缸体）运动速度 v 取决于输入液压缸的流量 q_V。

以图 1-1 所示液压千斤顶为例，设在时间 t 内活塞 11 移动的距离为 H，活塞的有效作用面积为 A，则密封容积变化（即所需流入的油液的体积）为 AH，则流量为

$$q_V = \frac{AH}{t}$$

活塞（或液压缸）的运动速度为

$$v = \frac{H}{t} = \frac{q_V}{A} = \bar{v}$$

由上式可得出如下结论：

（1）活塞（或液压缸）的运动速度等于液压缸内油液的平均流速。

（2）活塞（或液压缸）的运动速度仅与活塞（或液压缸）的有效作用面积和流入液压缸中油液的流量有关，与油液的压力 p 无关。

（3）活塞（或液压缸）的有效作用面积一定时，活塞（或液压缸）的运动速度取决于流入液压缸中油液的流量，改变流量就能改变运动速度。

1.4　液　压　油

◎ **学习重点**

1. 液压油的黏度（动力黏度、运动黏度及相对黏度）。
2. 液压油的黏度与温度和压力的关系。
3. 液压油的使用要求及选择。

液压传动最常用的工作介质是液压油，此外，还有乳化型传动液和合成型传动液等。液压油在液压系统中起着能量传递、抗磨、系统润滑、防腐、防锈、冷却等作用。为保证设备按设计要求正常运转，液压油应以最有效的方式进行保护、润滑，并有助于动力的传递。

1.4.1 液压油的黏性

液体在外力作用下流动（或有流动趋势）时，液体分子间内聚力会阻碍分子相对运动而产生一种内摩擦力，这种特性称为液体的黏性。静止液体不呈现黏性。

液体的黏性大小用黏度衡量。黏度值越大，液体的黏性越大，表现为显得"稠"；反之显得"稀"。常用的黏度有动力黏度、运动黏度和相对黏度三种。

1. 动力黏度 μ

动力黏度为液压油流动时内摩擦力大小的量度。

物理意义：液压油在单位速度梯度下流动或有流动趋势时，单位面积上的内摩擦力。

计量单位：Pa•s，1 Pa•s =1N•s/m^2。

2. 运动黏度 ν

运动黏度为液压油在重力作用下流动时内摩擦力的量度。

运动黏度是相同温度下动力黏度与其密度的比值，即

$$\nu = \frac{\mu}{\rho}$$

计量单位为斯（St），1m^2/s=10^4 St=10^{6}cSt（厘斯）。

我国液压油的牌号（国际标准）是以温度为40℃的运动黏度的平均值来表示的，如YA-N32 液压油表示温度为 40℃的运动黏度的平均值为 32mm^2/s。

3. 相对黏度

相对黏度为采用恩式黏度计测定 200mL 液压油在某温度下从黏度计流出所需的时间与同体积蒸馏水在 20℃流出所需的时间之比。

4. 液压油的黏度与温度和压力的关系

液压油的黏度与温度的关系：温度升高，黏度降低，增加了泄漏量，降低了容积效率。

液压油的黏度与压力的关系：压力升高，黏度增大。

1.4.2 液压油的使用要求

不同的液压传动系统、不同的使用条件对液压油的要求不尽相同。一般液压传动系统所使用的液压油应满足的条件是：

（1）合适的黏度，润滑性能好，具有较好的黏温特性。

（2）质地纯净，杂质少，对金属和密封件具有良好的相容性。

（3）对高温、氧化、水解和剪切有良好的稳定性。

（4）抗泡沫性、抗乳化性和防锈性好，腐蚀性小。

（5）体积膨胀系数小，比热容大，流动点和凝固点低，闪点和燃点高。

（6）对人体无害，对环境污染小，成本低。

1.4.3　液压油的选择

液压油的选择包括油液品种的选择和黏度等级的选择，选择油液品种时，根据是否专用、有无具体工作压力、工作温度及工作环境条件进行综合考虑。

黏度对液压系统工作的稳定性、可靠性、效率、温升及磨损都有显著的影响，在选择黏度时，应注意系统的工作情况。

（1）工作压力。对于工作压力较高的系统，为了减少泄漏，宜选用黏度较大的液压油。

（2）运动速度。为了降低液流的摩擦损失，当液压系统的工作部件运动速度较高时，宜选用黏度较小的液压油。

（3）环境温度。环境温度较高时，宜选用黏度较大的液压油。

（4）液压泵的类型。在液压系统的所有元件中，液压泵对液压油的性能最为敏感，因泵内零件运动速度快，承压大，温升高。常根据泵的类型及要求来选择液压油的黏度。表 1-3 所示为液压油的主要品种、ISO 代号及其特性和用途。表 1-4 所示为各类液压泵适用的黏度范围。

表 1-3　液压油的主要品种、ISO 代号及其特性和用途

类型	名称	ISO 代号	特性和用途
矿物油	普通液压油	L-HL	精制矿油添加剂，具有抗氧化和防锈性能，适用于室内设备中低压系统
	抗磨液压油	L-HM	L-HL 油添加剂，改善抗磨性能，适用于工程机械、车辆液压系统
	低温液压油	L-HV	L-HM 油添加剂，改善黏度性能，可用于环境温度在 40～-20℃的高压系统
	高黏度指数液压油	L-HR	L-HL 油添加剂，改善黏度性能，VI（黏度指数）值达 175 以上，适用于对黏度特性有特殊要求的低压系统，如数控机床液压系统
	液压导轨油	L-HG	L-HM 油添加剂，改善黏-滑性能，适用于机床中液压和导轨润滑合用系统
	全损耗系统用油	L-HH	浅度精制矿油，抗氧化性和抗泡沫性较差，主要用于机械润滑，可作液压代用油，用于要求不高的低压系统
	汽轮机油	L-TSA	深度精制矿油添加剂，改善抗氧化性和抗泡沫性能，为汽轮机专用油，可作液压代用油，用于一般液压系统
乳化型	水包油乳化液	L-HFA	又称高水基液，特点是难燃、黏度特性好，有一定的防锈能力，润滑性差，易泄漏，适用于有抗燃要求、油液用量大且泄漏严重的系统
	油包水乳化液	L-HFB	既具有矿油型液压油的抗磨防锈性能，又具有抗燃性，适用于有抗燃要求的中压系统
合成型	水-乙二醇液	L-HFC	难燃，黏温特性和耐蚀性好，能在-30～+60℃温度下使用，适用于有抗燃要求的中压系统
	磷酸酯液	L-HFDR	难燃，润滑抗磨性能和抗氧化性能良好，能在-54～+135℃温度范围内使用，缺点是有毒，适用于有抗燃要求的高压精密液压系统

表1-4　各类液压泵适用的黏度范围

液压泵类型		环境温度 5～40℃ $\nu/(\times10^{-6}\mathrm{m}^2\cdot\mathrm{s}^{-1})$ (40℃)	环境温度 40～80℃ $\nu/(\times10^{-6}\mathrm{m}^2\cdot\mathrm{s}^{-1})$ (40℃)
叶片泵	$p<7\times10^6\mathrm{Pa}$	30～50	40～75
	$p\geqslant7\times10^6\mathrm{Pa}$	50～70	55～90
齿轮泵		30～70	95～165
轴向柱塞泵		40～75	70～150
径向柱塞泵		30～80	65～240

思 考 题

1. 液压传动系统由哪几部分组成？每部分包括哪些液压元件？它们的作用是什么？

2. 什么是液体的黏性？液体黏性的大小由黏度表示，常用的黏度有哪几种？分别表示什么意义？

3. 液压油的黏度与温度、压力有怎样的关系？

4. 影响液压缸运动速度的因素有哪些？

5. 绝对压力与表压力有怎样的关系？

2 单元

液压系统的组成与结构

>>>>

◎ **单元导读**

由单元1可以知道，液压系统除工作介质油液外，一般由下列4个部分组成：动力装置、执行装置、控制调节装置、辅助装置。本单元将对液压系统的组成与机构原理做详细的介绍。

2.1 液压动力元件

◎ **学习重点**

1. 液压泵的常用类型。
2. 液压泵的结构及原理。
3. 齿轮泵、叶片泵、柱塞泵的结构、原理及特性。

液压动力元件起着向系统提供动力源的作用，是系统不可缺少的核心元件。液压系统以液压泵作为向系统提供一定流量和压力的动力元件，液压泵将原动机（电动机或内燃机）输出的机械能转换为工作液体的压力能，是一种能量转换装置。

2.1.1 液压泵概述

1. 液压泵的工作原理及特点

01 液压泵的工作原理

液压泵都是依靠密封容积变化的原理来进行工作的，故一般称为容积式液压泵。图 2-1 所示为单柱塞液压泵的工作原理，图中柱塞 2 装在缸体 3 中形成一个密封容积 a，柱塞在弹簧 4 的作用下始终压紧在偏心轮 1 上。原动机驱动偏心轮 1 旋转使柱塞 2 做往复运动，使密封容积 a 的大小发生周期性的交替变化。当 a 由小变大时就形成部分真空，使油箱 7 中的油液在大气压作用下，经吸油管顶开单向阀 6 进入密封容积 a

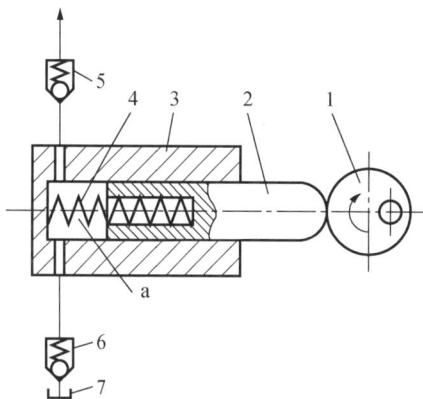

图 2-1 单柱塞液压泵的工作原理

1—偏心轮 2—柱塞 3—缸体 4—弹簧 5，6—单向阀 7—油箱 a—密封容积而实现吸油；反之，当 a 由大变小时，a 腔中吸满的油液将顶开单向阀 5 流入系统而实现压油。这样液压泵就将原动机输入的机械能转换成液体的压力能，原动机驱动偏心轮不断旋转，液压泵就不断地吸油和压油。

02 液压泵的特点

单柱塞液压泵具有一切容积式液压泵的基本特点：

（1）具有若干个密封且又可以周期性变化的空间。液压泵输出流量与此空间的容积变化量和单位时间内的变化次数成正比，与其他因素无关。这是容积式液压泵的一个重要特性。

（2）油箱内液体的绝对压力必须恒等于或大于大气压力。这是容积式液压泵能够吸入油液的外部条件。因此，为保证液压泵正常吸油，油箱必须与大气相通，或采用密闭的充压油箱。

（3）具有相应的配流机构，将吸油腔和排液腔隔开，保证液压泵有规律地、连续地吸、排液体。液压泵的结构原理不同，其配油机构也不相同。图 2-1 中的单向阀 5、6 就是配油机构。

容积式液压泵中的油腔处于吸油状态时称为压油腔。吸油腔的压力决定于吸油高度和吸油管路的阻力，吸油高度过高或吸油管路阻力太大，都会使吸油腔真空度过高而影响液压泵的自吸能力，压油腔的压力则取决于外负载和排油管路的压力损失。从理论上讲，排油压力与液压泵的流量无关。

容积式液压泵排油的理论流量取决于液压泵的有关几何尺寸和转速，而与排油压力无关。但排油压力会影响泵的内泄漏和油液的压缩量，从而影响泵的实际输出流量，所以液压泵的实际输出流量随排油压力的升高而降低。

2. 液压泵的类型及图形符号

01 液压泵的类型

液压泵的种类很多，按其结构不同可分为齿轮泵、叶片泵、柱塞泵等；按其输油方向能否改变可分为单向泵和双向泵；按其输出的流量能否调节可分为定量泵和变量泵；按其额定压力的高低可分为低压泵、中压泵、高压泵等。

02 液压泵的图形符号

液压泵的图形符号见表 2-1。

表 2-1　液压泵的图形符号

类型	单向定量泵	双向定量泵	单向变量泵	双向变量泵
图形符号				

2.1.2 齿轮泵

齿轮泵是液压系统中广泛采用的一种液压泵，它一般做成定量泵，按结构不同，齿轮泵分为外啮合齿轮泵和内啮合齿轮泵，而以外啮合齿轮泵应用最广。下面以外啮合齿轮泵为例来剖析齿轮泵。

1. 外啮合齿轮泵

01 外啮合齿轮泵的工作原理

图 2-2 所示为外啮合齿轮泵的工作原理。泵体内装有一对外啮合齿轮，齿轮两侧面靠端盖（图中未画出）密封。泵体、两端盖和齿轮的各个齿间组成密封容积，齿轮副的啮合线把密封容积分成两部分，即吸油腔和压油腔。当齿轮按图示方向回转时，泵的右侧（吸油腔）由于齿轮的轮齿脱开啮合，使密封容积逐渐增大，形成局部真空，油箱中的油液在大气压力的作用下，经吸油管路被吸入吸油腔内，并充满齿间。随着齿轮的回转，吸入到轮齿间的油液被带到泵的左侧（压油腔）。因左侧的轮齿逐渐进入啮合，故密封容积不断减小，齿间的油液被压出泵外，输送到压力管路中去。当齿轮泵的齿轮在电动机带动下连续回转时，轮齿脱开啮合的一侧（吸油腔），由于密封容积变大而不断地从油箱吸入油液，由于密封容积减小而不断地压油。这就是外啮合齿轮泵的工作原理。

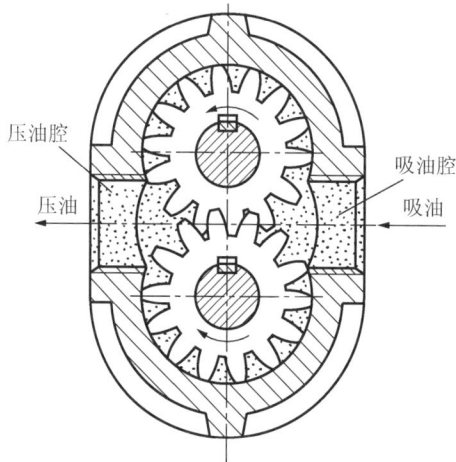

图 2-2　外啮合齿轮泵的工作原理

02 外啮合齿轮泵的优缺点

主要优点：

（1）结构简单紧凑，体积较小，质量小；制造和维护方便，工艺性好；价格低廉。

（2）对油液污染不敏感，可用以输送黏度大的油液。

（3）工作可靠，自吸性能好，无论在高转速或低转速下工作，均能可靠地实现自吸。

（4）转速和流量范围大。一般情况转速为 1500 r/min，高速时可达 5000 r/min。

主要缺点：

（1）输油量不均，流量脉动较大，噪声较大。

（2）由于压油腔压力大于吸油腔压力，齿轮和轴承受到不平衡的径向力（液压力）的作用，引起轴承额外磨损，甚至使轴弯曲变形，导致磨损严重，泄漏增大，特别是由于轴向间隙而引起的泄漏量占总泄漏量的 75%～80%。因此限制了工作压力的提高。

（3）流量不能调节，只能用作定量泵。

03 应用

齿轮泵主要用于小于 2.5 MPa 的低压液压传动系统中。

2. 内啮合齿轮泵

内啮合齿轮泵的工作原理和主要特点与外啮合齿轮泵基本相同。

内啮合齿轮泵结构紧凑，尺寸小，质量小，运转平稳，噪声小，在高转速工作时能获得较高的容积效率。但其缺点是齿形复杂、加工困难、价格较贵。内啮合齿轮泵可以正反转，也可用作液压马达使用。

2.1.3　叶片泵

叶片泵按其工作方式分为单作用式和双作用式两种。单作用式叶片泵压力较低，输出流量可以改变，又称变量叶片泵或非卸荷式叶片泵，常用于低压和需改变流量的液压系统中。双作用式叶片泵压力较高，输出流量不能改变，又称定量叶片泵或卸荷式叶片泵，较单作用式叶片泵使用更为普遍。

1. 单作用式叶片泵

单作用式叶片泵的工作原理如图 2-3 所示，其主要由泵体 5、转子 2、定子 3、叶片 4、配油盘（端盖）等组成。转子上面开有均匀分布的径向倾斜沟槽，装在沟槽内的叶片能在槽内自由滑动。转子装在定子内，两者轴线有一偏心距 e。转子的两侧装有固定的配油盘。当转子回转时，由于惯性力和叶片根部的压力油的作用，使叶片顶部紧靠在定子的内表面上，这样就在定子、转子、叶片和配油盘、端盖间形成若干个密封容积。配油盘上开有两个互不相通的油窗，吸油窗与泵的吸油口相通，压油窗与泵的压油口相通。工作时，配油盘的作用：当转子按图示方向回转时，在吸油区一侧（右侧），叶片逐渐伸出，密封容积逐渐增大，形成局部真空，从吸油窗吸油；在压油区一侧（左侧），叶片逐渐被定子内表面压进转子沟槽内，密封容积逐渐缩小，将油液从压油窗压出。在吸油区和压油区之间，有一段封油区将它们分开。

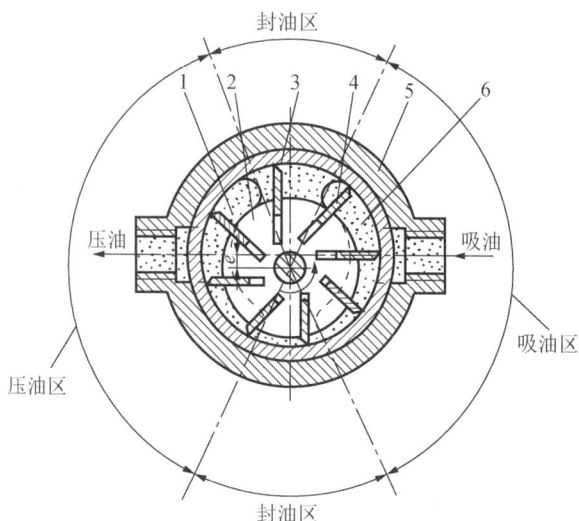

图 2-3　单作用式叶片泵的工作原理

1—配油盘压油窗　2—转子　3—定子　4—叶片　5—泵体　6—配油盘吸油窗

这种叶片泵，由于转子每回转一周，每个密封容积完成一次吸油和压油，所以称为单作用式叶片泵；另一方面转子单向承受压油腔油压的作用，径向压力不平衡，转子轴与轴承受到较大的径向力，故又称非卸荷式叶片泵，工作压力不宜过高。这种泵的最大特点是输出流量可以调节，只要改变转子中心与定子中心的偏心距 e 和偏心方向，就能改变输出流量的大小和输油方向。例如，增大偏心距，密封容积的变化量增大，输出流量随之变大。

2. 双作用式叶片泵

图 2-4 所示为双作用式叶片泵的工作原理，其也是由泵体、转子、定子、叶片、配油盘（端盖）等组成的。同单作用式叶片泵的主要区别是转子与定子中心重合（同轴），且定子内表面呈近似的椭圆形（由两段长半径 R、两段短半径 r 的圆弧和 4 段过渡曲线组成），两侧的配油盘（端盖）上各开有两个油窗。双作用式叶片泵的吸油和压油工作原理与单作用式叶片泵相同，只是转子每回转一周时，每个密封容积完成两次吸油和压油，所以称为双作用式叶片泵。同样由于这种泵有两个对称设置的吸油区和压油区，作用在转子上的液压力相互平衡，因此又称为卸荷式叶片泵，可以提高工作压力。由于转子与定子同轴，所以这种泵不能改变输出流量，只能作定量泵用。

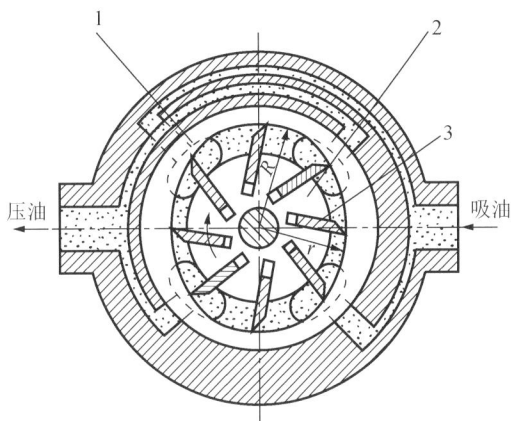

图 2-4　双作用式叶片泵的工作原理

1—定子　2—转子　3—叶片

3. 叶片泵的优缺点及其应用

主要优点：

（1）输出流量比齿轮泵均匀，运转平稳，噪声小。

（2）工作压力较高，容积效率也较高。

（3）单作用式叶片泵易于实现流量调节，双作用式叶片泵则因转子所受径向液压力平衡，使用寿命长。

（4）结构紧凑，轮廓尺寸小而流量较大。

主要缺点：

（1）自吸性能较齿轮泵差，对吸油条件要求较严，其转速必须在 500～1500 r/min 范围内。

（2）对油液污染较敏感，叶片容易被油液中的杂质"咬死"，工作可靠性较差。

（3）结构较复杂，零件制造精度要求较高，价格较高。

叶片泵一般用在中压（6.3 MPa）液压系统中，主要用于机床控制，其中双作用式叶片泵因其流量脉动很小，在精密机床中得到广泛使用。

2.1.4　柱塞泵

柱塞泵是利用柱塞在有柱塞孔的缸体内做往复运动，使密封容积发生变化而实现吸油和压油的。按柱塞排列方向的不同，柱塞泵分为径向柱塞泵和轴向柱塞泵两类。

1. 径向柱塞泵

径向柱塞泵柱塞轴线垂直于转子轴线。如图 2-5 所示，泵主要由定子 3、转子 2、柱塞 4 和配油轴 5 等组成。转子上有沿周向均匀分布的径向柱塞孔，孔中装有柱塞。青铜衬套与转子紧密配合，套装在固定不动的配油轴上。转子连同柱塞由电动机带动一起回转，柱塞靠惯性力（或低压油液作用）紧压在定子内表面上。由于定子和转子中心之间有偏心距 e，所以当转子按图示方向回转时，柱塞在上半周内逐渐向外伸出，柱塞底部与柱塞孔间的密封容积（经衬套上的孔与配油轴相连通）逐渐增大，形成局部真空，从而通过固定不动的配油轴上面的两个轴向吸油孔吸油；柱塞在下半周内逐渐向柱塞孔内缩进，密封容积逐渐减小，通过配油轴下面的两个轴向压油孔将油液压出。转子每回转一周，每个柱塞吸油、压油各一次。改变定子与转子之间的偏心距，可以改变输出流量。若偏心方向改变（偏心距 e 由正值变为负值），则液压泵的吸、压油腔互换，成为双向变量径向柱塞泵。

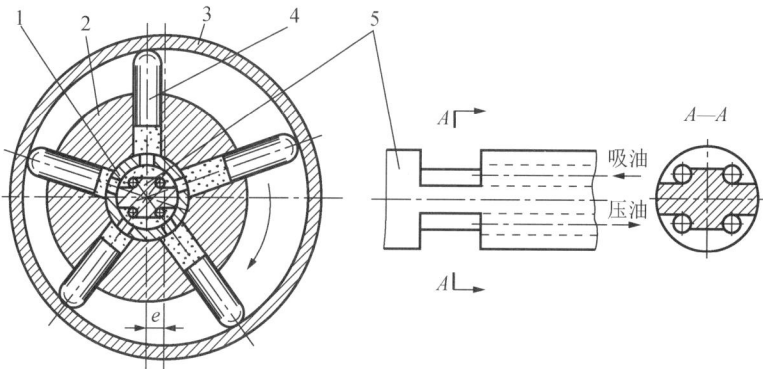

图 2-5　径向柱塞泵的工作原理

1—衬套　2—转子　3—定子　4—柱塞　5—配油轴

径向柱塞泵输油量大，压力高，性能稳定，工作可靠，耐冲击性能好，但结构复杂，径向尺寸大，制造困难，且柱塞顶部与定子内表面为点接触，易磨损，因而限制了它的使用，已逐渐被轴向柱塞泵替代。

2. 轴向柱塞泵

轴向柱塞泵是柱塞轴线平行于缸体轴线的一种柱塞泵。如图 2-6 所示，泵主要由配油盘 1、缸体 2、柱塞 3 和斜盘 4 等组成。柱塞装在回转缸体上的轴向柱塞孔中，在根部弹簧力或液压力的作用下，柱塞的球形端头与斜盘紧密接触。斜盘轴线与缸体轴线间有交角 γ。当缸体回转时，由于斜盘和弹簧的作用，迫使柱塞在缸体的柱塞孔内做往复运动，并通过配油盘上的配油窗（弧形沟槽）进行吸油和压油。缸体按图示方向回转时，在转角 0～π 范围时，柱塞向外伸出，柱塞孔密封容积逐渐增大，吸入油液；在转角π～2π 范围时，柱塞向缸体内压入，柱塞孔密封容积逐渐减小，向外压出油液。

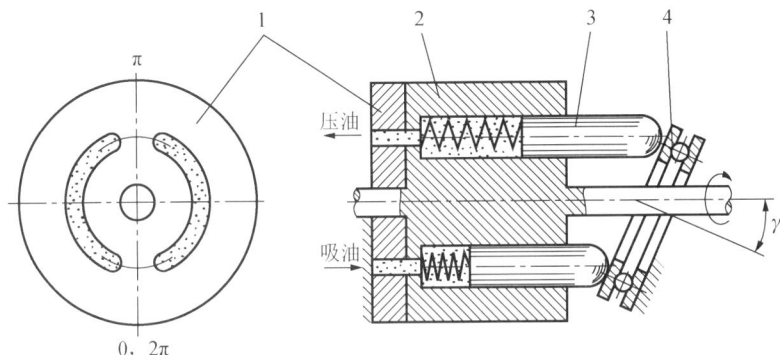

图 2-6　轴向柱塞泵的工作原理

1—配油盘　2—缸体　3—柱塞　4—斜盘

缸体每回转一周，每个柱塞分别完成吸油、压油各一次。改变斜盘倾斜角度 γ 的大小，就能改变柱塞往复运动的行程，也就改变了泵的输出流量；若改变斜盘倾斜角度方向，则泵的吸油口和压油口互换，成为双向变量轴向柱塞泵。

这种结构的轴向柱塞泵用于高压时，往往采用图 2-7 所示的滑靴式结构。柱塞的球形头与滑靴的内球面接触，而滑靴的底平面与斜盘接触。这样，便将点接触改变成面接触，从而大大降低了柱塞球形头的磨损。

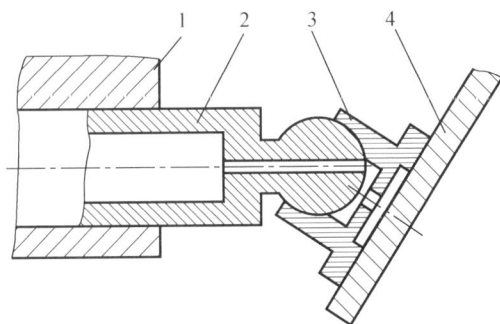

图 2-7　柱塞与斜盘的滑靴式结构

1—缸体　2—柱塞　3—滑靴　4—斜盘

3. 柱塞泵的优缺点及其应用

主要优点：

（1）柱塞泵的柱塞与缸体柱塞孔之间为圆柱面配合，其加工工艺性好，易于获得很高的配合精度，因此密封性能好，泄漏少，在高压下工作有较高的容积效率。

（2）只要改变柱塞的工作行程就能改变泵的流量，因此流量容易调节。

（3）轴向柱塞泵结构紧凑，外形尺寸小。

主要缺点：

（1）结构复杂，价格较高。

（2）柱塞受侧向力作用，有一定的摩擦损失。

（3）对油液污染敏感。

柱塞泵一般用于高压（10MPa 以上）、大流量及流量需要调节的液压系统中，多用在矿山、冶金机械设备上。

2.2 液压执行元件

◎ 学习重点

1. 液压缸的类型及应用。
2. 液压缸的结构、工作原理及图形符号。
3. 液压马达的工作原理及图形符号。
4. 液压马达在结构上与液压泵的差异。

2.2.1 液压缸的类型及其特点

液压缸是液压传动系统中的执行元件，是将液压能转换为机械能的能量转换装置，用来实现往复直线运动。其结构简单、工作可靠，与杠杆、连杆、齿轮齿条、棘轮棘爪、凸轮等机构配合能实现多种机械运动，在各种机械的液压系统中得到广泛的应用。

液压缸按其作用方式的不同分为单作用缸和双作用缸两类。在压力油作用下只能做单方向运动的液压缸称为单作用缸。单作用缸的回程须借助于运动件的自重或其他外力（如弹簧力）的作用实现。在压力油作用下可沿两个方向运动的液压缸称为双作用缸。

液压缸按结构形式的不同，有活塞式、柱塞式、摆动式、伸缩式等，其中以活塞式液压缸应用最多。

常用液压缸的图形符号见表 2-2。

表2-2 常用液压缸的图形符号

类型	单作用缸			双作用缸		
	单活塞杆缸	单活塞杆缸（带弹簧）	伸缩缸	单活塞杆缸	双活塞杆缸	伸缩缸
图形符号	详细符号	详细符号		详细符号	详细符号	
	简化符号	简化符号		简化符号	简化符号	

1. 活塞式液压缸

活塞式液压缸有双杆式和单杆式两种。按其安装方式的不同，又有缸体固定式（缸固式）和活塞杆固定式（杆固式）两种。

01 双活塞杆液压缸

（1）双活塞杆液压缸的结构和工作原理。图2-8所示为常见的双作用式实心双活塞杆液压缸（缸固式）的结构。

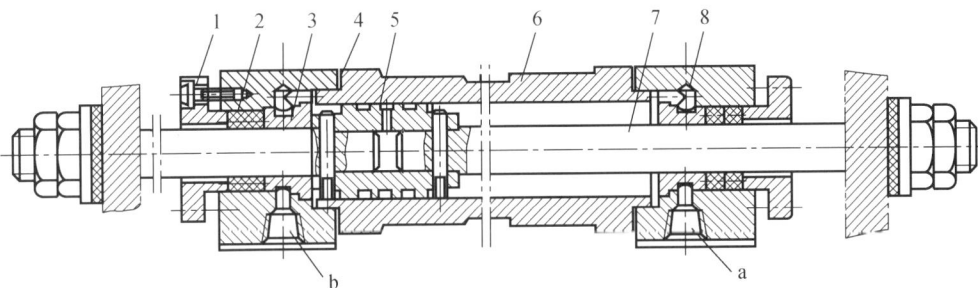

图2-8 实心双活塞杆液压缸的结构

1—压盖 2—密封圈 3—导向套 4—密封纸垫 5—活塞 6—缸体 7—活塞杆 8—端盖 a，b—进出油口

液压缸由缸体6、两个端盖8、活塞5、两个实心活塞杆7和密封圈2等组成。缸体固定不动，两个活塞杆都伸出缸外并与运动构件（如工作台）相连。端盖与缸体间用纸垫密封，活塞杆与端盖间用密封圈密封，活塞与缸体之间则采用环形槽间隙密封。进出油口a和b分别设置在两端盖上。

当压力油从进出油口交替输入液压缸的左右油腔时，压力油推动活塞运动，并通过活塞杆带动工作台做往复直线运动。

双活塞杆液压缸也可制成活塞杆固定不动、缸体与工作台相连的结构形式（杆固式）。这种液压缸的组成与实心双活塞杆液压缸相类似，只是为了向液压缸左右油腔交替输送压力油，将进出油口设置在活塞杆上，因而活塞杆制成空心的。图 2-9 所示为其工作原理结构。

（2）双活塞杆液压缸的特点和应用。

① 根据不同的要求，两活塞杆的直径可以相等，也可以不相等。两直径相等时，由于活塞两端的有效作用面积相同，因此，在供油压力 P 和流量 q_V 相同的情况下，往复运动的速度相等、推力相等。

② 固定缸体时（实心双活塞杆液压缸），工作台的往复运动范围约为有效行程 L 的 3 倍（图 2-10）；固定活塞杆时（空心双活塞杆液压缸），工作台往复运动的范围约为有效行程 L 的 2 倍（图 2-9）。

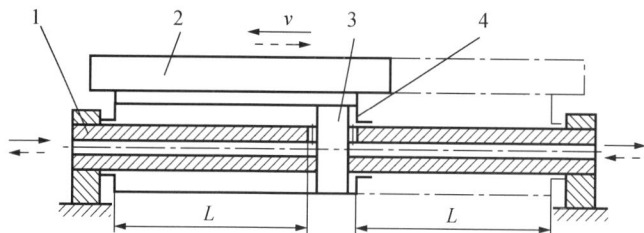

图 2-9　空心双活塞杆液压缸的工作原理结构

1—活塞杆　2—工作台　3—活塞　4—缸体

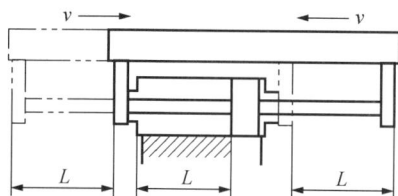

图 2-10　实心双活塞液压缸的运动范围

③ 活塞与缸体之间采用间隙密封，结构简单，摩擦阻力小，但内泄漏较大，仅适用于工作台运动速度较高的场合。

双活塞杆液压缸常用于工作台往返运动速度相同（两活塞杆直径相等）、推力不大的场合。缸体固定的液压缸因运动范围大，占地面积较大，一般用于小型机床或液压设备；活塞杆固定的液压缸则因运动范围不大，占地面积较小，常用于中型或大型机床或液压设备。

02 单活塞杆液压缸

（1）单活塞杆液压缸的结构和工作原理。图 2-11 所示为一种简易的双作用式单活塞杆液压缸的结构，主要由缸体 4、带杆活塞 5 和端盖 2、7 组成。进出油口设置在两端盖上，缸体固定不动。端盖与缸体间用垫圈 3 密封，活塞杆与端盖间、活塞与缸体之间用 O 形密封圈密封。

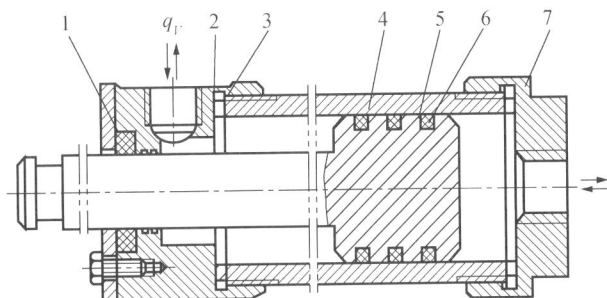

图 2-11　双作用式单活塞杆液压缸的结构

1—防尘密封圈　2，7—端盖　3—垫圈　4—缸体　5—带杆活塞　6—密封圈

压力油从进出油口交替输入液压缸的左右油腔时，推动活塞并通过活塞杆带动工作台实现往复直线运动。由于液压缸仅一端有活塞杆，因此活塞两端的有效作用面积不等。

这种液压缸可以采用缸体固定，活塞杆运动，也可以采用活塞杆固定，缸体运动。其往复运动的范围都约为有效行程 L 的 2 倍。

（2）单活塞杆液压缸的特点和应用。单活塞杆液压缸与双活塞杆液压缸比较，具有如下特点：

① 工作台往复运动速度不相等。图 2-12 所示为双作用式单活塞杆液压缸的工作原理。A_1 为活塞左侧有效作用面积，A_2 为活塞右侧有效作用面积。由液压泵输入油缸的流量为 q_V，压力为 P。当压力油输入油缸左腔时，工作台向右的运动速度 v_1（单位为 m/s）为

$$v_1 = \frac{q_V}{A_1} = \frac{4q_V}{\pi D^2} \tag{2-1}$$

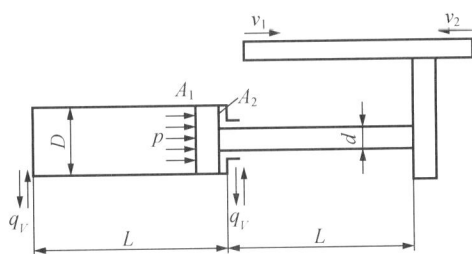

图 2-12　双作用式单活塞杆液压缸的工作原理

当压力油输入油缸右腔时，工作台向左的运动速度 v_2（单位为 m/s）为

$$v_2 = \frac{q_V}{A_2} = \frac{4q_V}{\pi(D^2 - d^2)} \tag{2-2}$$

因为 $A_1 > A_2$，所以 $v_2 > v_1$；如果 $A_1 = 2A_2$，则 $v_2 = 2v_1$。

单活塞杆液压缸工作时，工作台往复运动速度不相等这一特点常被用于实现机床的工作进给及快速退回。

② 活塞两个方向的作用力不相等。压力油输入无活塞杆的油缸左腔时，油液对活塞的作用力（产生的推力）F_1（单位为 N）的大小为

$$F_1 = pA_1 = P\frac{\pi D^2}{4} \tag{2-3}$$

压力油输入有活塞杆的油缸右腔时，油液对活塞的作用力（产生的推力）F_2（单位为 N）的大小为

$$F_2 = pA_2 = p\frac{\pi(D^2 - d^2)}{4} \tag{2-4}$$

可见 $F_1 > F_2$，即单活塞杆液压缸工作中，工作台慢速运动时，活塞获得的推力大；工作台快速运动时，活塞获得的推力小。

③ 液压缸的运动范围较小。无论是缸体固定还是活塞杆固定，液压缸的运动范围都是工作行程 L 的 2 倍。

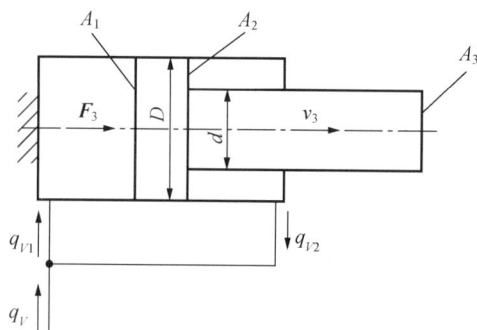

图 2-13　差动液压缸

03 差动液压缸

如图 2-13 所示，改变管路连接方法，使单活塞杆液压缸左右两油腔同时输入压力油。由于活塞两侧的有效作用面积 A_1、A_2 不相等，因此作用于活塞两侧的推力不等，存在推力差。在此推力差的作用下，活塞向有活塞杆一侧方向运动，而有活塞杆一侧油腔排出的油液不流回油箱，而是同液压泵输出的油液一起进入无活塞杆一侧油腔，使活塞向有活塞杆一侧方向的运动速度加快。这种两腔同时输入压力油，利用活塞两侧有效作用面积差进行工作的单活塞杆液压缸称为差动液压缸。

由图 2-13 可知，进入差动液压缸无活塞杆一侧油腔的流量 q_{V1}，除液压泵输出流量 q_V 外，还有来自活塞杆一侧油腔的流量 q_{V2}，即 $q_{V1} = q_V + q_{V2}$。设差动液压活塞的运动速度为 v_3（单位为 m/s），作用于活塞上的推力大小为 F_3，则

$$q_V = q_{V1} - q_{V2} = A_1 v_3 - A_2 v_3 = A_3 v_3 = v_3 \frac{\pi d^2}{4}$$

得

$$v_3 = \frac{4q_V}{\pi d^2} \tag{2-5}$$

$$F_3 = pA_3 = p\frac{\pi d^2}{4} \tag{2-6}$$

比较式（2-1）和式（2-5），可知：在差动液压缸中，活塞（工作台）的运动速度 v_3 大于非差动连接时的速度 v_1，因而可以快速运动。差动连接时，活塞运动的速度 v_3 与活塞杆的截面积 A_3 成反比。

如果使 $D = \sqrt{2}d$（即 $A_1 = 2A_3$），则由 $q_{V2} = q_V$，$q_{V1} = 2q_{V2}$ 可知，输入无活塞杆一侧油腔的流量增加 1 倍，使活塞向有活塞杆一侧方向的运动速度也提高了 1 倍。这样，活塞的往返运动速度相同（$v_3 = v_2$）。

单活塞杆液压缸常用于慢速工作进给和快速退回的场合，采用差动连接时可满足实现快进（v_3）、工进（v_1）、快退（v_2）的工作循环，在金属切削机床和其他液压系统中得到广泛的应用。

2. 柱塞式液压缸

活塞式液压缸在机床中应用较广，但缸筒内孔精度要求高、行程较长时加工困难，此时宜采用柱塞式液压缸。如图 2-14（a）所示，它由缸筒 1、柱塞 2、导向套 3 等零件组成。柱塞和缸筒内壁不接触，运动时由缸盖上的导向套来导向，因此缸筒内孔不需精加工、工艺性好、结构简单、成本低，常用于行程很长的龙门刨床、导轨磨床和大型拉床等设备的液压系统中。

柱塞式液压缸是单作用液压缸，它的回程要靠自重力（垂直放置时）或其他外力（如弹簧力）来完成。为了获得双向运动，柱塞式液压缸常成对使用，如图 2-14（c）所示。

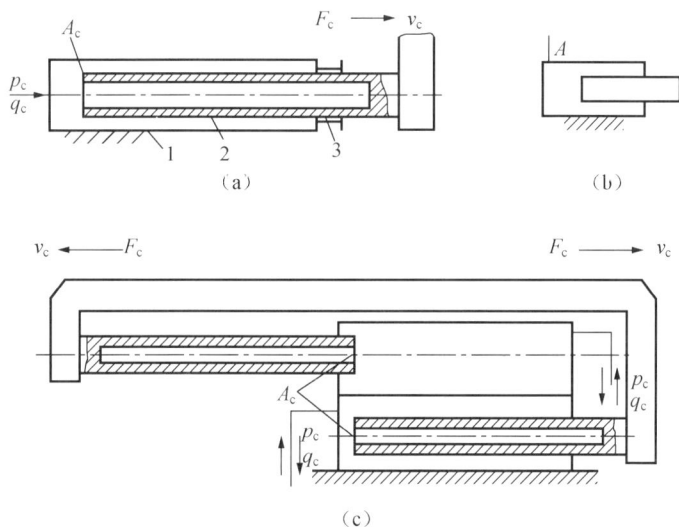

图 2-14　柱塞式液压缸

1—缸筒　2—柱塞　3—导向套

3. 摆动式液压缸

摆动式液压缸是一种输出转矩并实现往复摆动的液压执行元件，又称摆动式液压马达或回转液压缸。常有单叶片式和双叶片式两种结构形式，如图 2-15 所示。它由叶片轴 1、缸体 2、定子块 3 和回转叶片 4 等零件组成，定子块固定在缸体上，叶片和叶片轴（转子）连接在一起。当油口 A、B 交替输入压力油时，叶片带动叶片轴做往复摆动，输出转矩和角速度。

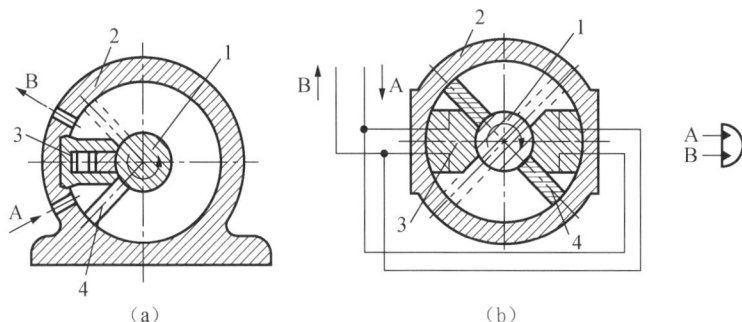

（a）   （b）

图 2-15　摆动式液压缸

1—叶片轴　2—缸体　3—定子块　4—回转叶片

摆动式液压缸结构紧凑，输出转矩大，但密封性较差，一般只用于机床和工夹具的夹紧装置、送料装置、转位装置、周期性进给机构等中低压系统及工程机械中。

4. 其他液压缸

01 齿条液压缸

齿条液压缸又称无杆式液压缸，它由带有一根齿条杆的两个柱塞缸 1 和一套齿轮齿条传动机构 2 组成，如图 2-16 所示。压力油推动柱塞做左、右往复直线运动时，经齿条杆推动齿轮轴往复转动，齿轮便驱动工作部件做周期性的往复旋转运动。齿条缸多用于自动线、组合机床等的转位或分度机构液压系统中。

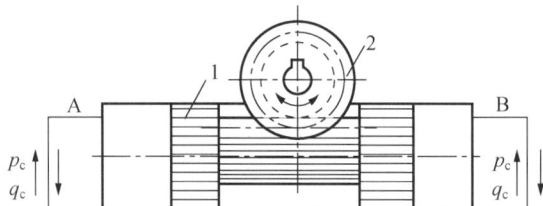

图 2-16　齿条液压缸

1—柱塞缸　2—齿轮齿条传动机构

02 增力缸

图 2-17 所示为两个单活塞杆液压缸 1、2 串联在一起的增力缸。当压力油进入两缸左腔时，推动串联活塞一起向右移动，两缸右腔的油液同时回油。增力缸适用于液压推力要求很大，而径向安装尺寸又受到限制，轴向长度允许增加的场合使用。

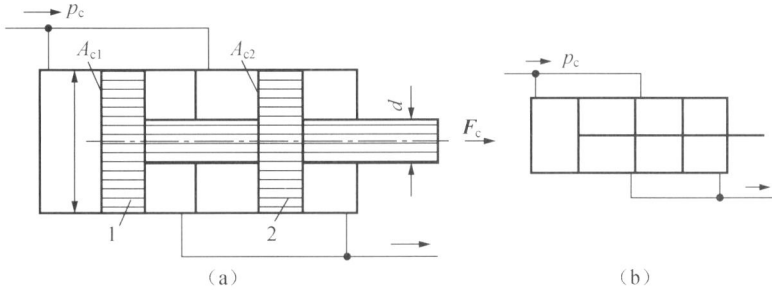

图 2-17   增力缸

1，2—液压缸

03 增压缸

增压缸又称增压器，它能将输入的低压液体（或气体）转换为高压或超高压液体输出，供液压系统中的高压支路使用。它有单作用和双作用两种结构形式。图 2-18 所示为单作用增压缸的工作原理。它由大缸 1、小缸 3 和连成一体的大小活塞 2 组成。大缸为低压缸，小缸为高压缸，工作行程时，低压液体由 A 口进入大缸推动增压缸的大活塞，大活塞带动与其连成一体的小活塞向右运动，C 口回油，使小缸中预先充满的待增压液体增压后，经 B 口输出流入高压支路；返回行程时，低压液体由 C 口进入，A 口回油，活塞向左运动，使待增压液体经单向阀 4 吸入高压腔，以备再次输出。

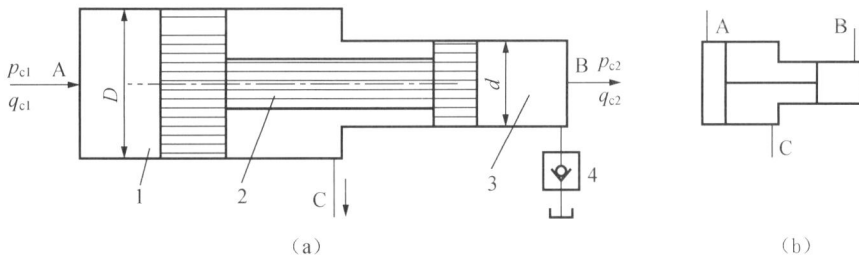

图 2-18   单作用增压缸的工作原理

1—大缸   2—大小活塞   3—小缸   4—单向阀

单作用增压缸结构简单，但只能在活塞一次行程中连续地输出高压液体。

2.2.2　液压马达

液压马达是将液体的压力能转换为机械能的能量转换装置,它是液压设备执行机构实现旋转运动的执行元件。从工作原理上讲,它与液压泵是可逆的,但由于功用不同,它们的实际结构有所差别,本节仅做简要介绍。

1. 液压马达的分类

液压马达与液压泵一样,按其结构形式分有齿轮式、叶片式和柱塞式;按其排量是否可调分有定量式和变量式。

液压马达一般根据其转速来分类,有高速液压马达和低速液压马达两类。一般认为,额定转速高于 500r/min 的马达属于高速液压马达,额定转速低于 500r/min 的马达属于低速液压马达。高速液压马达的主要优点是转速高、转动惯量小,便于启动、制动、调速和换向;其缺点是启动转矩较低、最低稳定转速偏高、低速稳定性差。低速液压马达主要有径向柱塞马达、斜盘式柱塞马达、双作用叶片马达等。它的主要特点是排量大、低速稳定性好和较大的启动转矩,因此可以直接与工作机构连接,不需要减速机构,从而大大减少了机械的传动装置。低速液压马达的输出转矩较大,所以又称为低速大转矩液压马达。低速液压马达的主要缺点是体积大、转动惯量大、制动较为困难。

2. 液压马达的工作原理和图形符号

以叶片式液压马达为例,通常是双作用的,其工作原理如图 2-19 所示。当压力油从进油口经配油窗口 a 输入转子与相邻两叶片间的密封容腔时,位于进油腔的两叶片 2 和 6 两侧均受进油口压力 p_M 作用,作用力相互抵消,故不产生转矩;位于回油腔的两叶片 4 和 8 两侧均受回油压力作用,也不产生转矩。而位于封油区的叶片 3、7 和 1、5,一面受进油口压力 p_M 的作用,另一面通过配油窗口 b 与回油口相通,受低压油作用,叶片两侧所受作用力不平衡,故叶片推动转子转动。由于叶片 3 和 7 的伸出长度比叶片 1 和 5 大,即作用面积大,故转子产生顺时针方向的转动,通过与转子相连的马达轴输出转矩和转速。当改变输油方向时,液压马达反转。叶片式液压马达一般都是双向定量液压马达。

为保证叶片马达正、反转的要求,叶片沿转子径向安放,进、回油口通径一样大,同时叶片根部必须与进油腔相通,使叶片与定子内表面紧密接触,在泵体内装有两个单向阀。

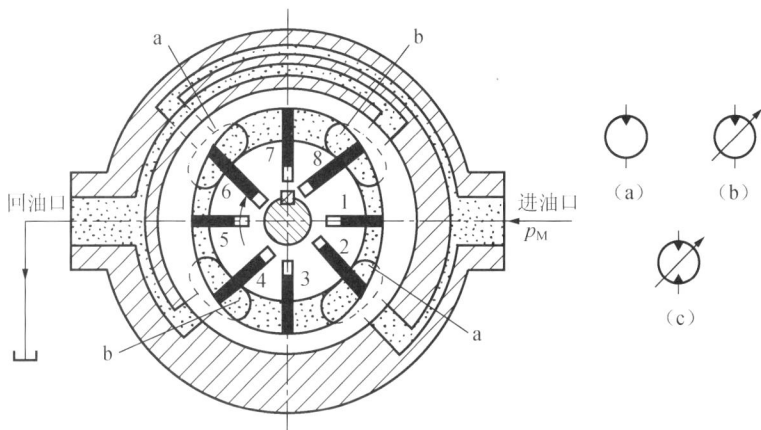

图 2-19　叶片式液压马达的工作原理及液压马达的图形符号

1～8—叶片　a，b—配油窗口

3. 液压马达在结构上与液压泵的差异

（1）液压马达是依靠输入压力油来启动的，密封容腔必须有可靠的密封。

（2）液压马达往往要求能正、反转，因此它的配流机构应该对称，进出油口的大小相等。

（3）液压马达是依靠泵输出压力来进行工作的，不需要具备自吸能力。

（4）液压马达要实现双向转动，高低压油口要能相互变换，故采用外泄式结构。

（5）液压马达应有较大的启动转矩，为使启动转矩尽可能接近工作状态下的转矩，要求马达的转矩脉动小，内部摩擦小，齿数、叶片数、柱塞数比泵多一些。同时，马达轴向间隙补偿装置的压紧力系数也比泵小，以减小摩擦。

虽然马达和泵的工作原理是可逆的，由于上述原因，同类型的泵和马达一般不能通用。

2.3　液压控制元件

◎ 学习重点

1. 方向控制阀的类型及结构。

2. 压力控制阀、流量控制阀的工作原理。

3. 方向控制阀、压力控制阀、流量控制阀的功能及其在液压回路中的应用。

4. 换向阀图形符号的规定及含义。

在液压传动系统中，用来对液流的方向、压力和流量进行控制和调节的液压元件称为控制阀，又称液压阀，简称阀。控制阀是液压系统中不可缺少的重要元件。

控制阀通过对液流的方向、压力和流量的控制和调节，控制执行元件的运动方向、输出的力或转矩、动作顺序、运动速度，还可限制和调节液压系统的工作压力和防止过载。

液压控制阀应满足如下基本要求：

（1）动作准确、灵敏、可靠，工作平稳，无冲击和振动。

（2）密封性能好，泄漏少。

（3）结构简单，制造方便，通用性好。

根据用途和工作特点的不同，液压控制阀分为以下三大类：

（1）方向控制阀：单向阀、换向阀、伺服阀等。

（2）压力控制阀：溢流阀、减压阀、顺序阀、卸荷阀等。

（3）流量控制阀：节流阀、调速阀、分流阀等。

2.3.1 方向控制阀

方向控制阀（简称方向阀）是用于控制液压系统中油路的接通、切断或改变液流方向的液压阀，主要用以实现对执行元件的启动、停止或运动方向的控制。常用的方向控制阀有单向阀和换向阀。单向阀主要用于控制油液的单向流动，换向阀主要用于改变油液的流动方向或接通或者切断油路。

1. 单向阀

01 单向阀的结构和工作原理

单向阀是保证通过阀的液流只向一个方向流动而不能反向流动的方向控制阀，一般由阀体、阀芯和弹簧等零件构成（图 2-20）。

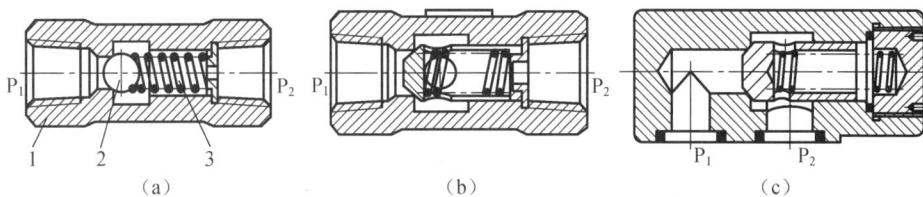

图 2-20 单向阀

1—阀体 2—阀芯 3—弹簧 P_1—进油口 P_2—出油口

当压力油从进油口 P_1 流入时，顶开阀芯 2，经出油口 P_2 流出。当液流反向时，在弹簧 3 和压力油的作用下，阀芯压紧在阀体 1 上，截断通道，使油液不能通过。根据单向阀的使用特点，要求油液正向通过时阻力要小，液流有反向流动趋势时，关闭动作要灵敏，关闭后密封性要好。因此弹簧通常很软，开启压力一般仅为 $3.5\times10^4\sim5.0\times10^4$ Pa，主要用于克服摩擦力。

单向阀的阀芯分为钢球式 [图 2-20（a）] 和锥式 [图 2-20（b）、（c）] 两种。

钢球式阀芯结构简单，价格低，但密封性较差，一般仅用在低压、小流量的液压系统中。

锥式阀芯阻力小，密封性好，使用寿命长，所以应用较广，多用于高压、大流量的液压系统中。

单向阀的连接方式分为管式连接 [图 2-20（a）、（b）] 和板式连接 [图 2-20（c）] 两种。管式连接的单向阀，其进出油口制成管螺纹，直接与管路的接头连接；板式连接的单向阀，其进出油口为孔口带平底锪孔的圆柱孔，用螺钉固定在底板上。平底锪孔中安放 O 形密封圈密封，底板与管路接头之间采用螺纹连接。其他各类控制阀也有管式连接和板式连接两种结构。

02 液控单向阀

在液压系统中，有时需要使被单向阀所闭锁的油路重新接通，为此可把单向阀做成闭锁方向能够控制的结构，这就是液控单向阀。

图 2-21 所示为液控单向阀的结构。当控制油口 K 不通控制压力油时，油液只能从进油口 P_1 进入，顶开阀芯 3，从出油口 P_2 流出，不能反向流动。当从控制油口 K 通入控制压力油时，活塞 1 左端受油压作用而向右移动（活塞右端油腔 a 与泄油口相通，图中未画出），通过顶杆 2 将阀芯向右顶开，使进油口 P_1 与出油口 P_2 接通，油液可在两个方向自由流通。控制用的最小油压为液压系统主油路油液压力的 0.3～0.4 倍。

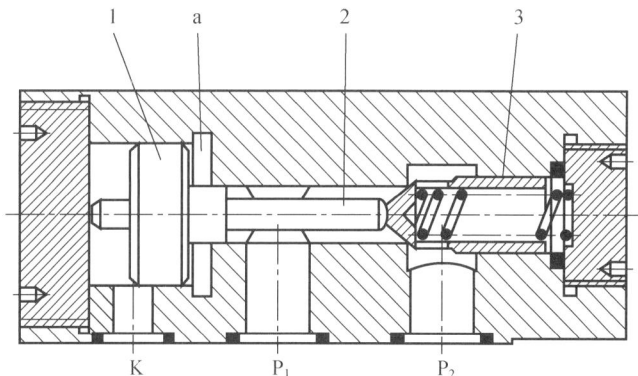

图 2-21 液控单向阀的结构

1—活塞 2—顶杆 3—阀芯 a—油腔

液控单向阀也可以做成常开式结构，即平时油路畅通，需要时通过液控闭锁一个方向的油液流动，使油液只能单方向流动。

单向阀与液控单向阀的图形符号见表2-3。

表2-3 单向阀和液控单向阀的图形符号

类型	单向阀		液控单向阀	
	无弹簧	带弹簧	无弹簧	带弹簧
详细符号				
简化符号		弹簧可省略	控制压力关闭阀	弹簧可省略 控制压力打开阀

03 单向阀的应用

（1）普通单向阀装在液压泵的出口处，可以防止油液倒流而损坏液压泵，如图2-22中泵出口的阀。

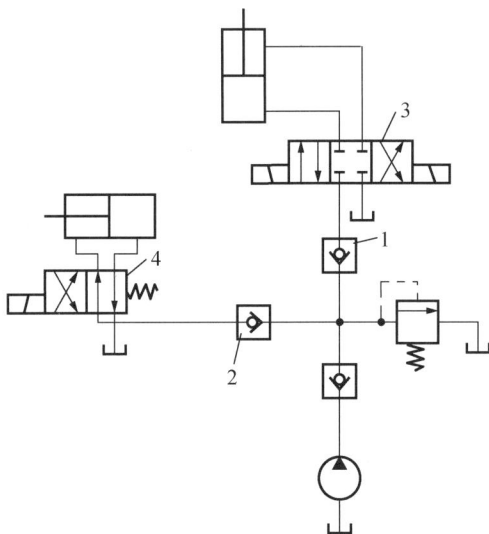

图2-22 单向阀防止油路相互干扰

1，2—单向阀 3—三位四通换向阀 4—二位四通换向阀

（2）普通单向阀装在回油管路上作为背压阀，使其产生一定的回油阻力，以满足控制油路使用要求或改善执行元件的工作性能。

（3）隔开油路之间不必要的联系，防止油路相互干扰，如图2-22中的阀1和阀2。

（4）普通单向阀与其他阀制成组合阀，如单向减压阀、单向顺序阀、单向调速阀等。

另外，在安装单向阀时须认清进、出油口的方向，否则会影响系统的正常工作。系统主油路压力的变化不能对控制油路压力产生影响，以免引起液控单向阀的误动作。

2. 换向阀

换向阀通过改变阀芯和阀体间的相对位置，控制油液流动方向，接通或关闭油路，从而改变液压系统的工作方向。

常用的换向阀阀芯在阀体内做往复滑动，称为滑阀。滑阀是一个有多段环形槽的圆柱体，其直径大的部分称为凸肩，凸肩与阀体内孔相配合。阀体内孔中加工有若干段环形槽，阀体上有若干个与外部相通的通路口，并与相应的环形槽相通（图 2-23）。

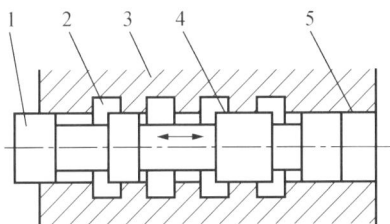

图 2-23 滑阀的结构

1—阀芯　2—阀体环形槽　3—阀体　4—阀芯凸肩　5—阀体滑道

01 换向阀的工作原理

图 2-24 所示为三位四通换向阀的换向工作原理。换向阀有 3 个工作位置（滑阀在中间和左、右两端）和 4 个通路口（压力油口 P、回油口 O 和通往执行元件两端的油口 A 和 B）。当滑阀处于中位时 ［图 2-24（a）］，滑阀的两个凸肩将 A、B 油口封死，并隔断压力油口 P 和回油口 O，换向阀阻止向执行元件供压力油，执行元件不工作；当滑阀处于右位时 ［图 2-24（b）］，压力油从 P 口进入阀体，经 A 口通向执行元件，而从执行元件流回的油液经 B 口进入阀体，并由回油口 O 流回油箱，执行元件在压力油作用下向某一规定方向运动；当滑阀处于左位时 ［图 2-24（c）］，压力油经 P、B 口通向执行元件，回油则经 A、O 口流回油箱，执行元件在压力油作用下反向运动。控制滑阀在阀体内做轴向移动，通过改变各油口间的连接关系，实现油液流动方向的改变，这就是滑阀式换向阀的工作原理。

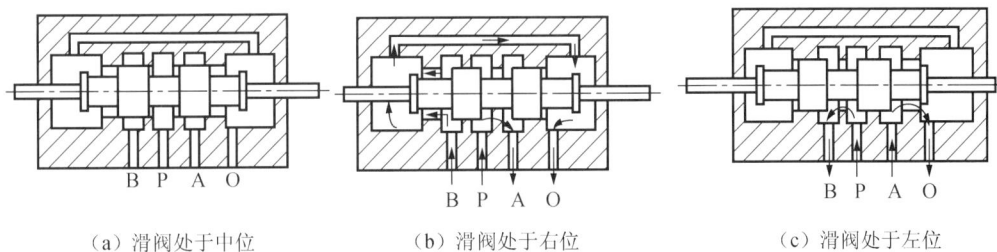

（a）滑阀处于中位　　　　（b）滑阀处于右位　　　　（c）滑阀处于左位

图 2-24 三位四通换向阀的工作原理

P—压力油口　O—回油口　A，B—油口

换向阀滑阀的工作位置数称为"位"，与液压系统中油路相连通的油口数称为"通"。

常用的换向阀种类有二位二通、二位三通、二位四通、二位五通、三位三通、三位四通、三位五通和三位六通等。常用换向阀的图形符号见表2-4。

表2-4　常用换向阀的图形符号

类型	二位二通		二位三通		二位四通	二位五通
图形符号	常闭	常开		带中间过渡位置		

类型	三位三通	三位四通	三位五通	三位六通
图形符号				

控制滑阀移动的方法常用的有人力控制、机械控制、电气控制、直接压力控制和先导控制等。常用控制方法的图形符号示例见表2-5。

表2-5　常用控制方法图形符号示例

控制方法	人力控制	机械控制	电气控制	直接压力控制	先导控制
图形符号	一般符号	弹簧控制	单作用电磁铁	加压或卸压控制	液压先导控制

一个换向阀的完整图形符号应具有表明工作位置数、油口数和在各工作位置上油口的连通关系、控制方法，以及复位、定位方法的符号。

02　换向阀图形符号的规定和含义

（1）用方框表示阀的工作位置数，有几个方框就是几位阀。

（2）在一个方框内，箭头"↑"或堵塞符号"┰"或"⊥"与方框相交的点数就是通路数，有几个交点就是几通阀，箭头"↑"表示阀芯处在这一位置时两油口相通，但不一定为油液的实际流向，"┰"或"⊥"表示此油口被阀芯封闭（堵塞）不通流。

（3）三位阀中间的方框、二位阀画有复位弹簧的那个方框为常态位置（即未施加控制号以前的原始位置）。在液压系统原理图中，换向阀的图形符号与油路的连接一般应画在常态位置上。工作位置应按"左位"画在常态位的左面，"右位"画在常态位右面的规定。同时在常态位上应标出油口的代号。

（4）控制方式和复位弹簧的符号画在方框的两侧。

03　三位四通换向阀的中位滑阀机能

三位换向阀的滑阀在阀体中有左、中、右三个工作位置。左、右工作位置使执行元件获得不同的运动方向；中间位置则可利用不同形状及尺寸的阀芯结构得到多种不同的油口连接方式，除使执行元件停止运动外，还具有其他一些功能。三位阀在中间位置时油口的连接关系称为滑阀机能。三位四通换向阀中位滑阀机能的图形符号如图 2-25 所示，其中常用的几种滑阀机能特点见表 2-6。

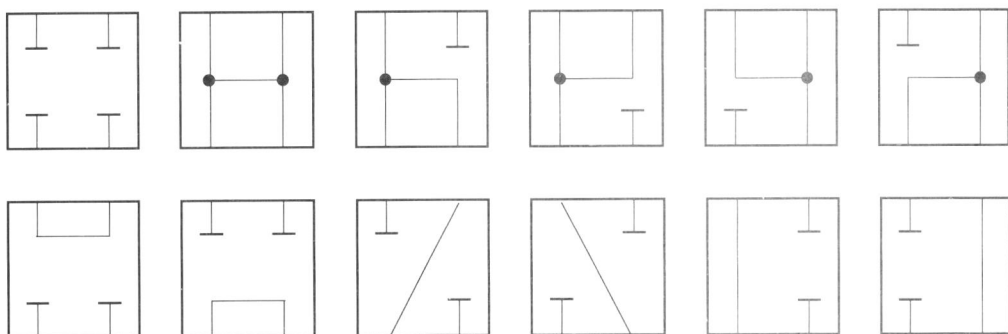

图 2-25　三位四通换向阀中位滑阀机能

表 2-6　三位四通换向阀的滑阀机能特点

图形符号	结构简图	中位滑阀机能特点
		各油口全封闭，液压缸锁紧；液压泵及系统不卸荷，并联的其他执行元件运动不受影响
		各油口全连通，液压泵及系统卸荷，活塞在液压缸中浮动
		进油口封闭，液压缸两腔与回油口连通（经内部通路，图未示出），活塞在液压缸中浮动，液压泵及系统不卸荷
		回油口封闭，进油口与液压缸两腔连通，液压泵及系统不卸荷。可实现差动连接
		进油口与回油口连通，液压缸锁紧，液压泵及系统卸荷

04 手动换向阀

手动换向阀是用人力控制的方法改变阀芯工作位置的换向阀，有二位二通、二位四通和三位四通等多种形式。图 2-26 所示为一种三位四通自动复位手动换向阀。

当手柄上端向左扳时，阀芯 2 向右移动，进油口 P 和油口 A 接通，油口 B 和回油口 O 接通。当手柄上端向右扳时，阀芯左移，这时进油口 P 和油口 B 接通，油口 A 通过环形槽、阀芯中心通孔与回油口 O 接通，实现换向。松开手柄时，右端的弹簧使阀芯恢复到中间位置，断开油路。这种换向阀不能定位在左、右两端位置上。如需滑阀在左、中、右三个位置上均可定位，可将弹簧换成定位装置。

05 机动换向阀

机动换向阀又称行程换向阀，是用机械控制方法改变阀芯工作位置的换向阀，常用的有二位二通（常闭和常通）、二位三通、二位四通和二位五通等多种。图 2-27 所示为二位二通常闭式机动换向阀。阀芯的移动通过挡铁（或凸轮）推压阀杆 2 顶部的滚轮 1，使阀杆推动阀芯 3 下移实现。挡铁移开时，阀芯靠其底部的弹簧 4 复位。

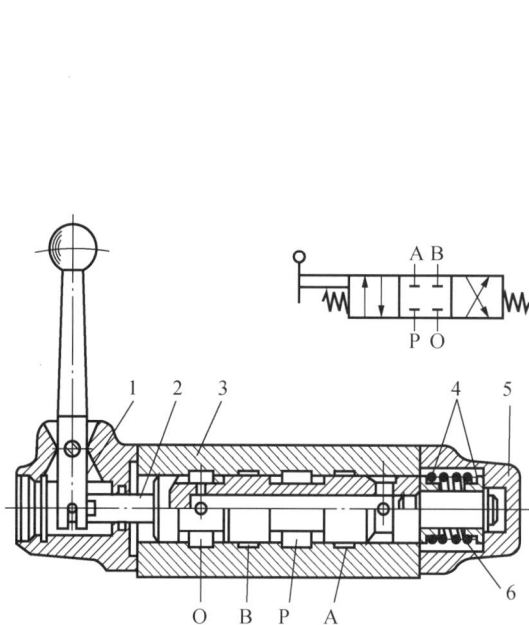

图 2-26 三位四通自动复位手动换向阀

1—手柄 2—滑阀（阀芯） 3—阀体 4—套筒
5—端盖 6—弹簧
P—进油口 O—回油口 A，B—油口

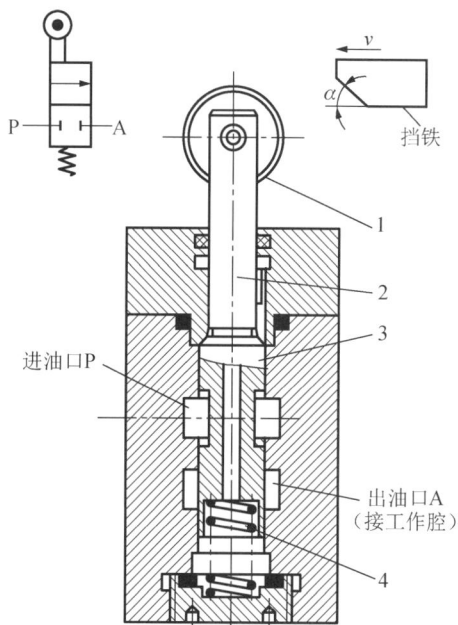

图 2-27 二位二通常闭式机动换向阀

1—滑轮 2—阀杆 3—阀芯 4—弹簧

06 电磁换向阀

电磁换向阀简称电磁阀，是用电气控制的方法改变阀芯工作位置的换向阀。

图 2-28 所示为二位三通电磁换向阀。当电磁铁通电时，衔铁通过推杆 1 将阀芯 2 推向右端，进油口 P 与油口 B 接通，油口 A 被关闭。当电磁铁断电时，弹簧 3 将阀芯推向左端，油口 B 被关闭，进油口 P 与油口 A 接通。

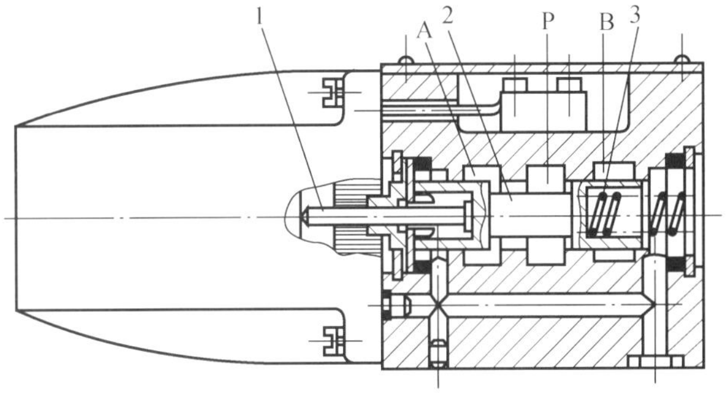

（a）结构 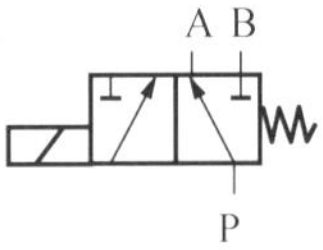　　　　　　　　　　（b）图形符号

图 2-28　二位三通电磁换向阀

1—推杆　2—阀芯　3—弹簧　P—进油口　A，B—油口

图 2-29 所示为三位四通电磁换向阀。当右侧的电磁线圈 4 通电时，吸合衔铁 5 将阀芯 2 推向左位，这时进油口 P 和油口 B 接通，油口 A 与回油口 O 相通；当左侧的电磁铁通电时（右侧电磁铁断电），阀芯被推向右位，这时进油口 P 和油口 A 接通，油口 B 经阀体内部管路与回油口 O 相通，实现执行元件换向；当两侧电磁铁都不通电时，阀芯在两侧弹簧 3 的作用下处于中间位置，这时 4 个油口均不相通。

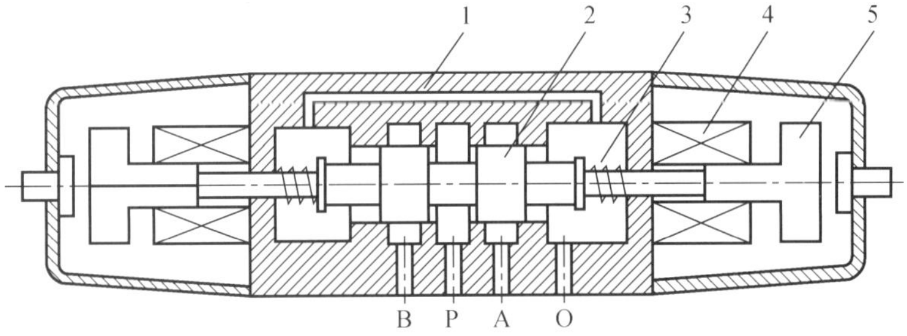

（a）结构 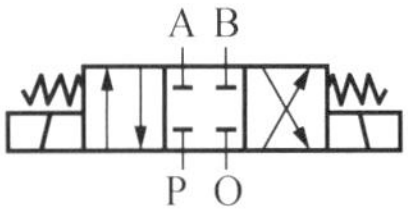　　　　　　　　　　（b）图形符号

图 2-29　三位四通电磁换向阀

1—阀体　2—阀芯　3—弹簧　4—电磁线圈　5—衔铁　P—进油口　O—回油口　A，B—油口

电磁换向阀的电磁铁可用按钮开关、行程开关、压力继电器等电气元件控制，无论位置远近，控制均很方便，且易于实现动作转换的自动化，因而得到广泛的应用。根据使用电源的不同，电磁换向阀分为交流和直流两种。电磁换向阀用于流量不超过

$1.05×10^{-4}$ m³/s 的液压系统中。

07 液动换向阀

液动换向阀是用直接压力控制方法改变阀芯工作位置的换向阀。

图 2-30 所示为三位四通液动换向阀。它是靠压力油液推动阀芯，改变工作位置实现换向的。当控制油路的压力油从阀右边控制油口 K_2 进入右控制油腔时，推动阀芯左移，使进油口 P 与油口 B 接通，油口 A 与回油口 O 接通；当压力油从阀左边控制油口 K_1 进入左控制油腔时，推动阀芯右移，使进油口 P 与油口 A 接通，油口 B 与回油口 O 接通，实现换向；当两控制油口 K_1 和 K_2 均不通控制压力油时，阀芯在两端弹簧作用下居中，恢复到中间位置。

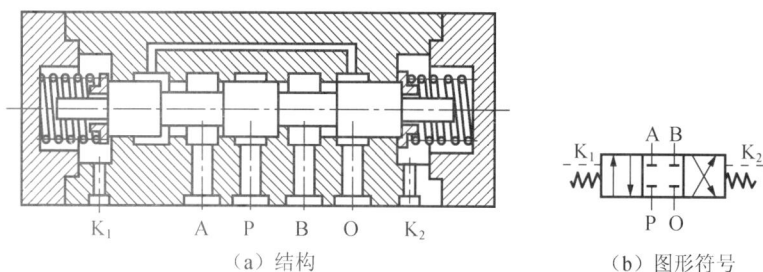

（a）结构　　　　（b）图形符号

图 2-30　三位四通液动换向阀

K_1，K_2—控制油口　P—进油口　O—回油口　A，B—油口

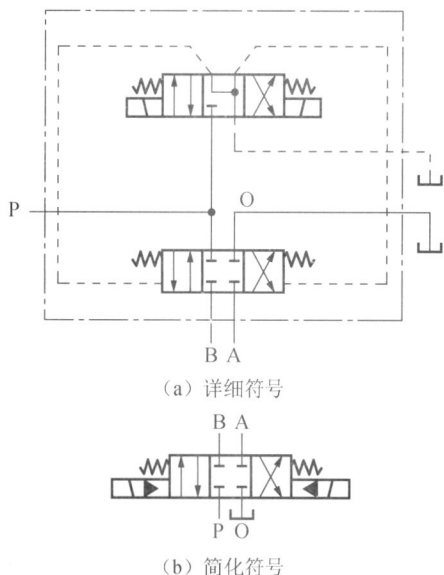

（a）详细符号

（b）简化符号

图 2-31　三位四通电液换向阀的图形符号

P—进油口　O—回油口　A，B—油口

由于压力油液可以产生很大的推力，因此液动换向阀可用于高压大流量的液压系统中。

08 电液换向阀

电液换向阀是用间接压力控制（又称先导控制）方法改变阀芯工作位置的换向阀。

电液换向阀由电磁换向阀和液动换向阀组合而成。电磁换向阀起先导作用，称先导阀，用来控制液流的流动方向，从而改变液动换向阀（称为主阀）的阀芯位置，实现用较小的电磁铁来控制较大的液流。

图 2-31 所示为三位四通电液换向阀的图形符号。当先导阀右端电磁铁通电时，阀芯左移，控制油路的压力油进入主阀右控制油腔，使主阀阀芯左移（左控制油腔油液经先导阀泄回油箱），使进油口 P 与油口 A 相通，油口 B 与回

油口 O 相通；当先导阀左端电磁铁通电时，阀芯右移，控制油路的压力油进入主阀左控制油腔，推动主阀阀芯右移（主阀右控制油腔的油液经先导阀泄回油箱），使进油口 P 与油口 B 相通，油口 A 与回油口 O 相通，实现换向。

2.3.2　压力控制阀

压力控制阀是用于控制液压系统压力或利用压力作为信号来控制其他元件动作的液压阀，简称压力阀。

压力阀按功用不同，有溢流阀、减压阀和顺序阀等。它们的共同特点是：利用油液的液压作用力与弹簧力相平衡的原理来进行工作，通过调节阀的开口量的大小，实现控制系统压力的目的。

1. 溢流阀

01 溢流阀的功用和分类

（1）溢流阀在液压系统中的功用主要有两个方面：一是起溢流和稳压作用，保持液压系统的压力恒定；二是起限压保护作用，防止液压系统过载。溢流阀通常接在液压泵出口处的油路上。

（2）根据结构和工作原理不同，溢流阀可分为直动型溢流阀和先导型溢流阀两类。直动型溢流阀用于低压系统，先导型溢流阀用于中、高压系统。

02 溢流阀的结构和工作原理

（1）直动型溢流阀的结构和工作原理。

直动型溢流阀的结构如图 2-32 所示，其工作原理如图 2-33 所示。由图 2-33 可知，当作用于阀芯底面的液压作用力 $pA < F_{簧}$ 时，阀芯 3 在弹簧力作用下往下移并关闭回油口，没有油液流回油箱。当系统压力 $pA > F_{簧}$ 时，弹簧被压缩，阀芯上移，打开回油口，部分油液流回油箱，限制压力继续升高，使液压泵出口处压力保持 $p = F_{簧}/A$ 恒定值。调节弹簧力 $F_{簧}$ 的大小，即可调节液压系统压力的大小。直动型溢流阀结构简单，制造容易，成本低，但油液压力直接靠弹簧平衡，所以压力稳定性较差，动作时有振动和噪声。此外，系统压力较高时，要求弹簧刚度大，这使阀的开启性能变坏。所以直动型溢流阀只用于低压液压系统中。

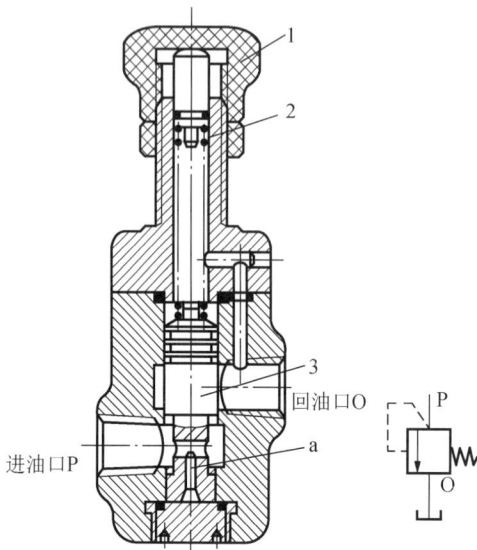

图 2-32　直动型溢流阀的结构

1—调压螺母　2—弹簧　3—阀芯

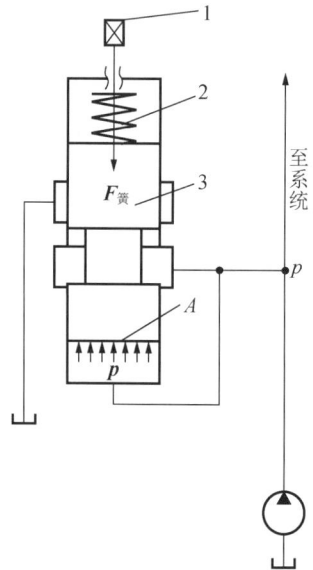

图 2-33　直动型溢流阀的工作原理

1—调压零件　2—弹簧　3—阀芯

（2）先导型溢流阀的结构和工作原理。先导型溢流阀的结构如图 2-34 所示，由先导阀 I 和主阀 II 两部分组成。先导阀实际上是一个小流量的直动型溢流阀，阀芯是锥阀，用来控制压力；主阀阀芯是滑阀，用来控制溢流流量。其工作原理如图 2-35 所示，压力油 p 经进油口 P、通道 a 进入主阀芯 5 底部油腔 A，并经节流小孔 b 进入上部油腔，再经通道 c 进入先导阀右侧油腔 B，给锥阀 3 以向左的作用力，调压弹簧 2 给锥阀以向右的弹簧力。在稳定状态下，当油液压力 p 较小时，作用于锥阀上的液压作用力小于弹簧力，先导阀关闭。此时，没有油液流过节流小孔 b，油腔 A、B 的压力相同，在主阀弹簧 4 的作用下，主阀芯处于最下端位置，回油口 O 关闭，没有溢油。当油液压力 p 增大，使作用于锥阀上的液压作用力大于弹压弹簧 2 的弹簧力时，先导阀开启，油液经通道 e、回油口 O 流回油箱。这时，压力油流经节流小孔 b 时产生压力降，使 B 腔油液压力 p_1 小于油腔 A 中油液压力 p，当此压力差（$p-p_1$）产生的向上作用力超过主阀弹簧 4 的弹簧力并克服主阀芯自重和摩擦力时，主阀芯向上移动，接通进油口 P 和回油口 O，溢流阀溢油，使油液压力 p 不超过设定压力，当压力 p 随溢流而下降，p_1 也随之下降，直到作用于锥阀上的液压作用力小于弹压弹簧 2 的弹簧力，先导阀关闭，节流小孔 b 中没有油液流过，$p_1=p$，主阀芯在主阀弹簧 4 作用下，往下移动，关闭回油口 O，停止溢流。这样，在系统压力超过调定压力时，溢流阀溢油，不超过时则不溢油，起到限压、溢流作用。

先导型溢流阀设有远程控制口 K（参见图 2-34），可以实现远程调压（与远程调压接通）或卸荷（与油箱接通），不用时封闭。先导型溢流阀的工作原理如图 2-35 所示。

先导型溢流阀压力稳定、波动小，主要用于中压液压系统中。

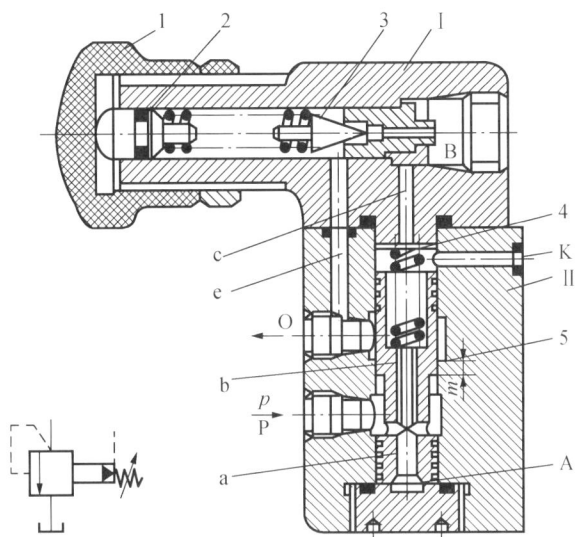

图 2-34 先导型溢流阀的结构

1—调节螺母 2—调压弹簧 3—锥阀 4—主阀弹簧 5—主阀芯

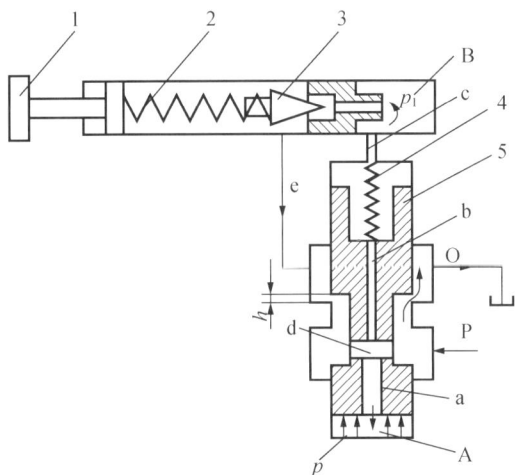

图 2-35 先导型溢流阀的工作原理

1—调节螺母 2—调压弹簧 3—锥阀 4—主阀弹簧 5—主阀芯

03 溢流阀的应用

（1）起溢流稳压作用，维持液压系统压力恒定，如图 2-36（a）所示。在定量泵进油或回油节流调速系统中，溢流阀 2 和调速阀 3 配合使用，液压缸 5 所需流量由调速阀 3 调节，泵 1 输出的多余流量由溢流阀 2 溢回油箱。在系统正常工作时，溢流阀阀口始终处于开启状态溢流，维持泵的输出压力恒定不变。

（2）起安全保护作用，防止液压系统过载，如图 2-36（b）所示。在变量泵液压系统中，系统正常工作时，其工作压力低于溢流阀 7 的开启压力，阀口关闭不溢流。当系统工作压力超过溢流阀的开启压力时，溢流阀开启溢流，使系统工作压力不再升高（限压），以保证系统的安全。这种情况溢流阀的开启压力，通常应比液压系统的最大工作压力高 10%～20%。

（3）实现远程调压，如图 2-36（c）所示。装在控制台上的远程调压阀 12 与先导式溢流阀 11 的外控口 k 连接便能实现远程调压。

（4）作背压阀用，将溢流阀连接在系统的回油路上，在回油路中形成一定的回油阻力（背压），以改善液压执行元件运动的平稳性。

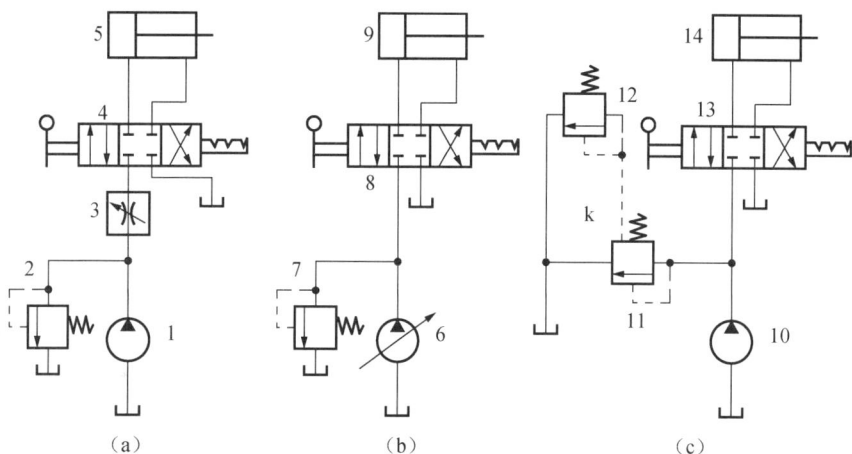

图 2-36　溢流阀的应用

1，6，10—液压泵　2，7，11—溢流阀　3—调速阀　4，8，13—三位四通换向阀　5，9，14—液压缸　12—远程调压阀

2．减压阀

在液压系统中，常由一个液压泵向几个执行元件供油。当某一执行元件需要比泵的供油压力低的稳定压力时，可往该执行元件所在的油路上串联一个减压阀来实现。使其出口压力降低且恒定的减压阀称为定压（定值）减压阀，简称减压阀。

01　减压阀的功用和分类

（1）减压阀用来降低液压系统中某一分支油路的压力，使之低于液压泵的供油压力，以满足执行机构（如夹紧、定位油路，制动、离合油路，系统控制油路等）的需要，并保持基本恒定。

（2）减压阀根据结构和工作原理不同，分为直动型减压阀和先导型减压阀两类。一般用先导型减压阀，所以下面只介绍先导型减压阀的结构和工作原理。

02　先导型减压阀的结构和工作原理

先导型减压阀的结构如图 2-37 所示，其结构与先导型溢流阀的结构相似，也是由先导阀Ⅰ和主阀Ⅱ两部分组成的，两阀的主要零件可通用。其主要区别是：减压阀的进、出油口位置与溢流阀相反；减压阀的先导阀控制出口油液压力，而溢流阀的先导阀控制进口油液压力。由于减压阀的进、出口油液均有压力，因此先导阀的泄油不能像溢流阀一样流入回油口，而必须设有单独的泄油口。减压阀主阀芯结构上中间多一个凸肩（即三节杆），在正常情况下，减压阀阀口开得很大（常开），而溢流阀阀口则关闭（常闭）。

先导型减压阀的工作原理如图 2-38 所示，液压系统主油路的高压油液从进油口 P_1 进入减压阀，经节流口 h 减压后，低压油液从出油口 P_2 输出，经分支油路送往执行机构。同时低压油液 p_2 经通道 a 进入主阀芯 5 下端油腔，又经节流小孔 b 进入主阀芯上端油腔，且经通道 c 进入先导阀锥阀 3 右端油腔，给锥阀一个向左的液压力。该液压力与调压弹簧 2 的弹簧力相平衡，从而控制低压油 p_2 基本保持调定压力。当出油口的低压油 p_2 低于调定压力时，锥阀关闭，主阀芯上端油腔油液压力 $p_3=p_2$，主阀弹簧 4 的弹簧力克服摩擦阻力将主阀芯推向下端，节流口 h 增大，减压阀处于不工作状态。当分支油路负载增大时，p_2 升高，p_3 随之升高，在 p_3 超过调定压力时，锥阀打开，少量油液经锥阀口、通道 e，由泄油口 L 流回油箱。由于这时有油液流过节流小孔 b，产生压力降，使 $p_3<p_2$。当此压力差所产生的向上的作用力大于主阀芯重力、摩擦力、主阀弹簧的弹簧力之和时，主阀芯向上移动，使节流口 h 减小，节流加剧，p_2 随之下降，直到作用在主阀芯上诸力相平衡，主阀芯便处于新的平衡位置，节流口 h 保持一定的开启量。

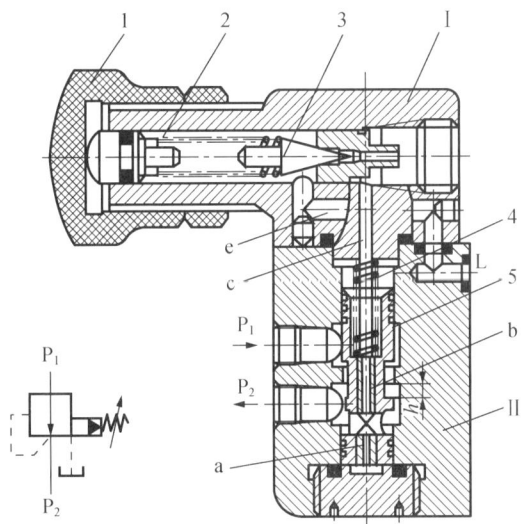

图 2-37　先导型减压阀的结构

1—调节螺母　2—调压弹簧　3—锥阀　4—主阀弹簧
5—主阀芯

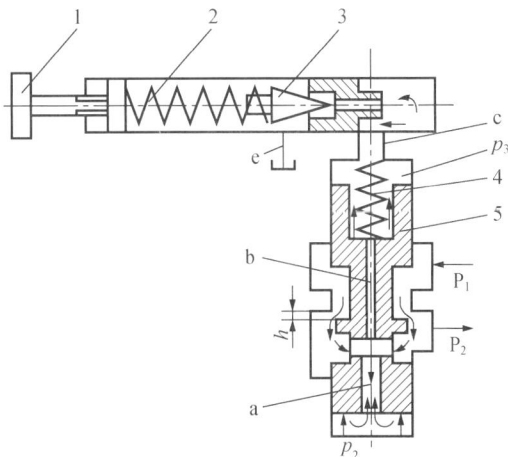

图 2-38　先导型减压阀的工作原理

1—调节螺母　2—调压弹簧　3—锥阀　4—主阀弹簧
5—主阀芯

03 减压阀的应用

定压减压阀的功用是减压、稳压。图 2-39 所示为减压阀用于夹紧油路的原理。液压泵输出的压力油由溢流阀2调定压力以满足主油路系统的要求。在换向阀3处于图示位置时，液压泵1经减压阀4、单向阀5供给夹紧液压缸6压力油。夹紧工件所需夹紧力的大小由减压阀4来调节。当工件夹紧后，换向阀换位，液压泵向主油路系统供油。单向阀的作用是当泵向主油路系统供油时，使夹紧缸的夹紧力不受液压系统中压力波动的影响。

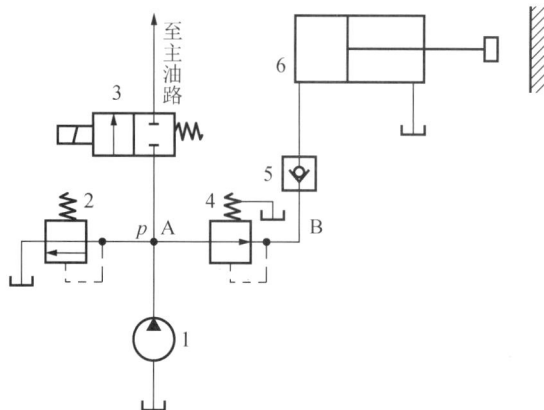

图 2-39　减压阀用于夹紧油路的原理

1—液压泵　2—溢流阀　3—换向阀　4—减压阀　5—单向阀　6—液压缸

减压阀还用于将同一油源的液压系统构成不同压力的油路，如控制油路、润滑油路等。为使减压油路正常工作，减压阀最低调定压力应大于 0.5 MPa，最高调定压力至少应比主油路系统的供油压力低 0.5MPa。

3. 顺序阀

顺序阀是以压力作为控制信号，自动接通或切断某一油路的压力阀。由于它经常被用来控制执行元件动作的先后顺序，故称为顺序阀。

01 顺序阀的功用和分类

（1）顺序阀是控制液压系统各执行元件先后顺序动作的压力控制阀，实质上是一个由压力油液控制其开启的二通阀。

（2）顺序阀根据结构和工作原理不同，可以分为直动型顺序阀和先导型顺序阀两类，目前直动型应用较多。

02 顺序阀的结构和工作原理

（1）直动型顺序阀的结构和工作原理。直动型顺序阀的结构如图 2-40 所示，其结构和工作原理都与直动型溢流阀相似。压力油液自进油口 P_1 进入阀体，经阀芯中间小孔流入阀芯底部油腔，对阀芯产生一个向上的液压作用力。当油液的压力较低时，液压作用力小于阀芯上部的弹簧力，在弹簧力作用下，阀芯处于下端位置，P_1 和 P_2 两油口被隔开。当油液的压力升高到作用于阀芯底端的液压作用力大于调定的弹簧力时，在液压作用力的作用下，阀芯上移，使进油口 P_1 和出油口 P_2 相通，压力油液自 P_2 口流出，可控制另一执行元件动作。

（2）先导型顺序阀的结构和工作原理。先导型顺序阀的结构如图 2-41 所示，它与直动型顺序阀的主要差异在于阀芯下部有一个控制油口 K。当由控制油口 K 进入阀芯下端油腔的控制压力油产生的液压作用力大于阀芯上端调定的弹簧力时，阀芯上移，使进油口 P_1 与出油口 P_2 相通，压力油液自 P_2 口流出，可控制另一执行元件动作。如将出油口 P_2 与油箱接通，先导型顺序阀可用作卸荷阀。

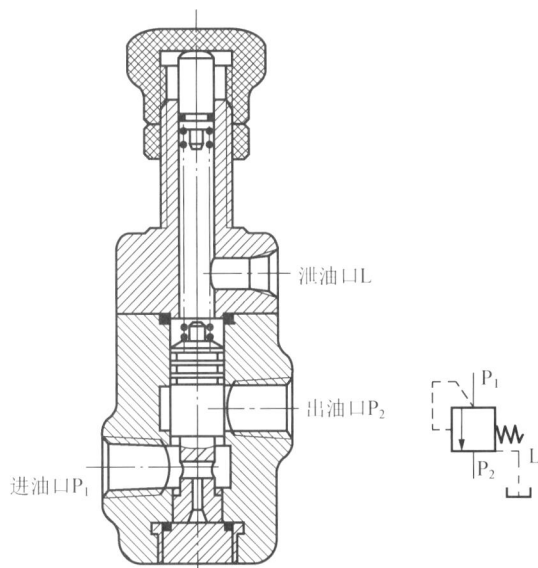

图 2-40 直动型顺序阀的结构

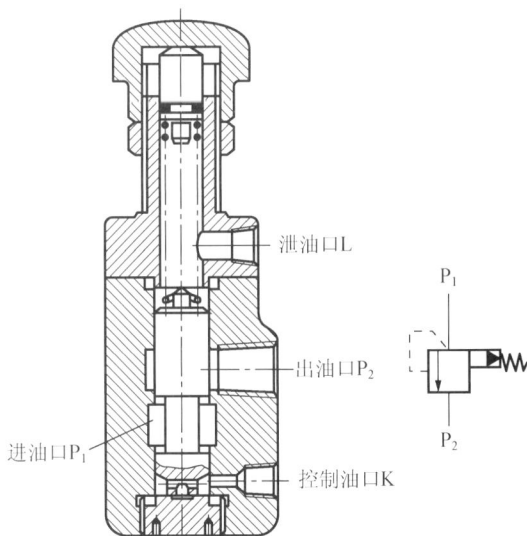

图 2-41 先导型顺序阀的结构

03）顺序阀的应用

图 2-42 所示为顺序阀用以实现多个执行元件的顺序动作原理。当三位四通换向阀 3 处于左位时，液压缸 I 的活塞向上运动，运动到终点位置后停止运动，油路压力升高到顺序阀 4 的调定压力时，顺序阀打开，压力油经顺序阀进入液压缸 I 的下腔，使活塞向上运动，从而实现液压缸 I、II 的顺序动作。当电磁换向阀处于右位时，液压缸 I、II 同时向下运动。

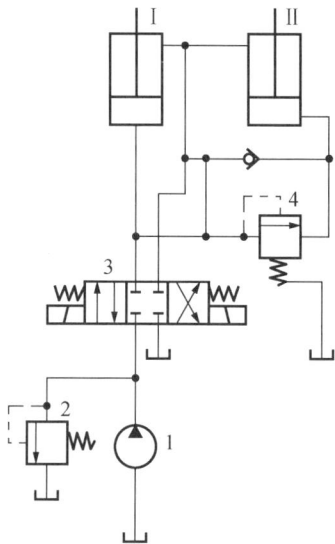

图 2-42　顺序阀的应用

1—液压泵　2—溢流阀　3—三位四通换向阀　4—顺序阀

04）顺序阀与溢流阀的主要区别

（1）溢流阀出油口连通油箱，顺序阀的出油口通常连接另一工作油路，因此顺序阀的进、出口处的油液都是压力油。

（2）溢流阀打开时，进油口的油液压力基本保持在调定压力值附近，顺序阀打开后，进油口的油液压力可以继续升高。

（3）由于溢流阀出油口连通油箱，其内部泄油可通过出油口流回油箱，而顺序阀出油口油液为压力油，且通往另一工作油路，所以顺序阀的内部要有单独设置的泄油口（图 2-40 中的 L）。

2.3.3　流量控制阀

在液压系统中，控制工作液体流量的阀称为流量控制阀，简称流量阀。常用的流量控制阀有节流阀、调速阀、分流阀等。其中节流阀是最基本的流量控制阀。流量控制阀通过改变节流口的开口大小调节通过阀口的流量，从而改变执行元件的运动速度，通常用于定量液压泵液压系统中。

流量控制阀的图形符号见表 2-7。

表 2-7　流量控制阀的图形符号

类型	节流阀	调速阀		分流阀
图形符号	详细符号　简化符号	详细符号	简化符号	

1. 节流阀

01 流量控制的工作原理

油液流经小孔、狭缝或毛细管时，会产生较大的液阻，通流面积越小，油液受到的液阻越大，通过阀口的流量就越小。所以，改变节流口的通流面积，使液阻发生变化，就可以调节流量的大小，这就是流量控制的工作原理。大量实验证明，节流口的流量特性可以用下式表示：

$$q_V = KA_0(\Delta p)^n \qquad (2\text{-}7)$$

式中，q_V——通过节流口的流量；

A_0——节流口的通流面积；

Δp——节流口前后的压力差；

K——流量系数，随节流口的形式和油液的黏度而变化；

n——节流口形式参数，一般在 0.5~1 之间，节流路程短时取小值，节流路程长时取大值。

节流口的形式很多，图 2-43 所示为常用的几种。图 2-43（a）为针阀式节流口，针阀芯做轴向移动时，改变环形通流截面积的大小，从而调节了流量。图 2-43（b）为偏心式节流口，在阀芯上开有一个截面为三角形（或矩形）的偏心槽，当转动阀芯时，就可以通过调节通流截面积的大小而调节流量。这两种形式的节流口结构简单，制造容易，但节流口容易堵塞，流量不稳定，适用于性能要求不高的场合。图 2-43（c）为轴向三角槽式节流口，在阀芯端部开有一个或两个斜的三角沟槽，轴向移动阀芯时，就可以改变三角槽通流截面积的大小，从而调节流量。图 2-43（d）为周向缝隙式节流口，阀芯上开有狭缝，油液可以通过狭缝流入阀芯内孔，然后由左侧孔流出，转动阀芯就可以改变缝隙的通流截面积。图 2-43（e）为轴向缝隙式节流口，在套筒上开有轴向缝隙，轴向移动阀芯即可改变缝隙的通流面积大小，以调节流量。这三种节流口性能较好，尤其是轴向缝隙式节流口，其节流通道厚度可薄到 0.07～0.09mm，可以得到较小的稳定流量。

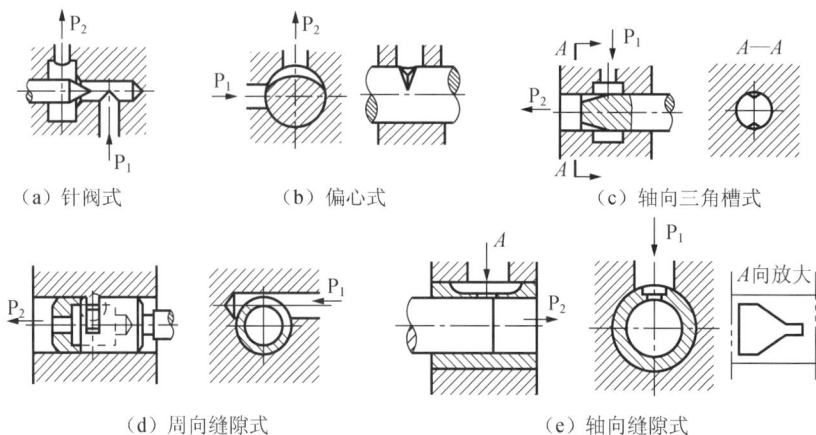

（a）针阀式　　　　　（b）偏心式　　　　　（c）轴向三角槽式

（d）周向缝隙式　　　　　　（e）轴向缝隙式

图 2-43　节流口的形式

02 **常用节流阀的类型**

常用节流阀的类型有可调节流阀、不可调节流阀、可调单向节流阀和减速阀等。

（1）可调节流阀。图 2-44 所示为可调节流阀的结构与图形符号。节流口采用轴向三角槽形式，压力油从进油口 P_1 流入，经通道 b、阀芯 3 右端的节流沟槽和通道 a 从出油口 P_2 流出。转动手柄 1，通过推杆 2 使阀芯做轴向移动，可改变节流口的通流截面积，实现流量的调节。弹簧 4 的作用是使阀芯向左抵紧在推杆上。这种节流阀结构简单，制造容易，体积小，但负载和温度的变化对流量的稳定性影响较大，因此只适用于负载和温度变化不大或执行机构速度稳定性要求较低的液压系统。

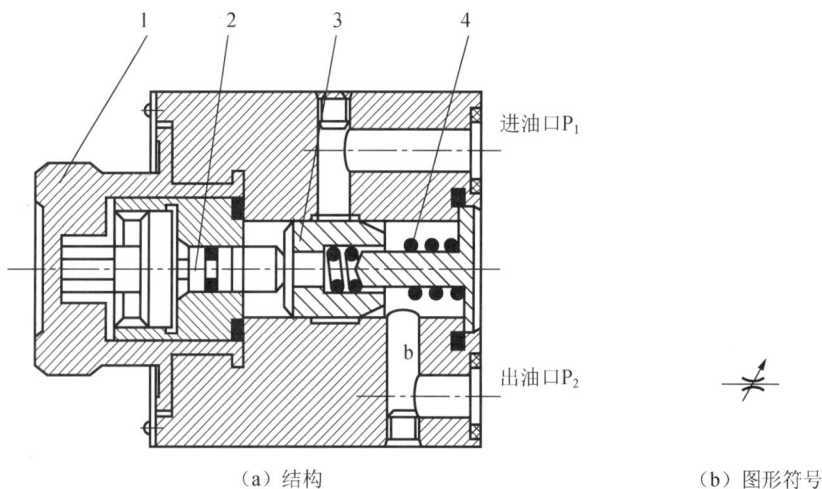

（a）结构　　　　　　　　　　　　　　　　（b）图形符号

图 2-44　可调节流阀

1—手柄　2—推杆　3—阀芯　4—弹簧

（2）不可调节流阀。不可调节流阀即为固定节流阀，其节流口有各种开度，根据不同的功能要求，具有不同的型号，节流口的结构形式如图 2-43 所示，图形符号如图 2-45 所示。

（3）可调单向节流阀。图 2-46 所示为可调单向节流阀。从作用原理来看，可调单向节流阀是可调节流阀和单向阀的组合，在结构上是利用一个阀芯同时起节流阀和单向阀的两种作用。当压力油从油口 P_1 流入时，油液经阀芯上的轴向三角槽节流口从油口 P_2 流出，旋转手柄可改变节流口通流面积大小从而调节流量。当压力油从油口 P_2 流入时，在油压作用力作用下，阀芯下移，压力油从油口 P_1 流出，起单向阀作用。

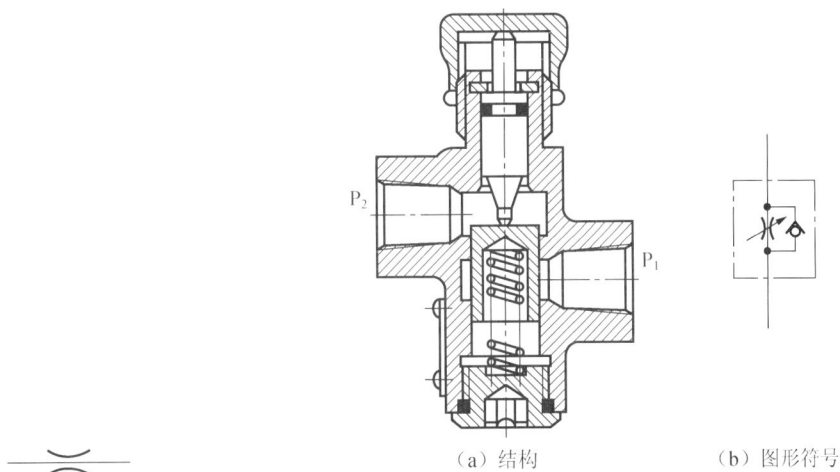

图 2-45　不可调节流阀的图形符号

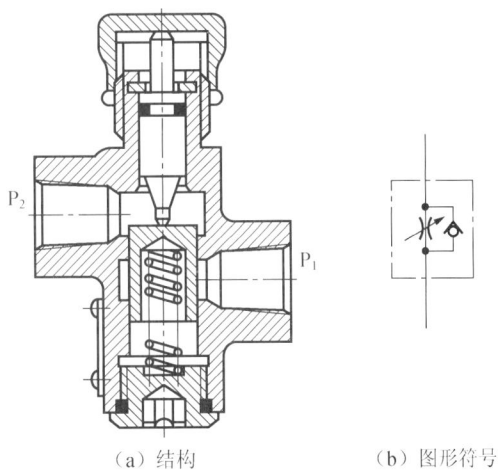

（a）结构　　　　　　　（b）图形符号

图 2-46　可调单向节流阀

（4）减速阀。减速阀是滚轮控制可调节流阀，又称行程节流阀。其原理是通过行程挡块压下滚轮，使阀芯下移改变节流口通流面积，减小流量而实现减速。图 2-47 所示为一种与单向阀组合的减速阀。单向减速阀又称单向行程节流阀，它可以满足以下所述机床液压进给系统的快进、工进、快退工作循环的需要：

① 快进。快进时，阀芯 1 未被压下，压力油从油口 P_1 不经节流口流往油口 P_2，执行元件快进。

② 工进。当行程挡块压在滚轮上时，阀芯下移一定距离，将通道大部分遮断，由阀芯上的三角槽节流口调节流量，实现减速，执行元件慢进（工作进给）。

③ 快退。压力油液从油口 P_2 进入，推开单向阀阀芯 2（钢球），油液直接由 P_1 流出，不经节流口，执行元件快退。

03 影响节流阀流量稳定的因素

节流阀是利用油液流动时的液阻来调节阀的流量的。产生液阻的方式：一种是薄壁小孔、缝隙节流，造成压力的局部损失；另一种是细长小孔（毛细管）节流，造成压力的沿程损失。实际上各种形式的节流口是介于两者之间的。一般希望在节流口通流面积调好后，流量稳定不变，但实际上流量会发生变化，尤其是流量较小时变化更大。影响节流阀流量稳定的因素主要如下：

（1）节流阀前后的压力差。随外部负载的变化，节流阀前后的压力差 Δp 将发生变化，由式（2-7）可知，流量 q_V 也随之变化而不稳定。

（2）节流口的形式。节流口的形式将影响流量系数 K 和参数 n。

（3）节流口的堵塞。 当节流口的通流断面面积很小时，在其他因素不变的情况下，通过节流口的流量不稳定（周期性脉动），甚至出现断流的现象，称为堵塞。由于油液中的杂质，油液因高温氧化而析出的胶质、沥青等析出物，以及油液老化或受到挤压后产生带电极化分子，对金属表面的吸附，在节流口表面逐步形成附着层，常会造成节流口的部分堵塞，它不断堆积又不断被高速液流冲掉，使节流口的通流断面面积大小发生变化，从而引起流量变化，严重时附着层会完全堵塞节流口而出现断流现象。

（4）油液的温度。压力损失的能量通常转换为热能，油液的发热会使油液黏度发生变化，导致流量系数 K 变化，而使流量变化。

由于上述因素的影响，使用节流阀调节执行元件运动速度，其速度将随负载和温度的变化而波动。在速度稳定性要求高的场合，则要使用流量稳定性好的调速阀。

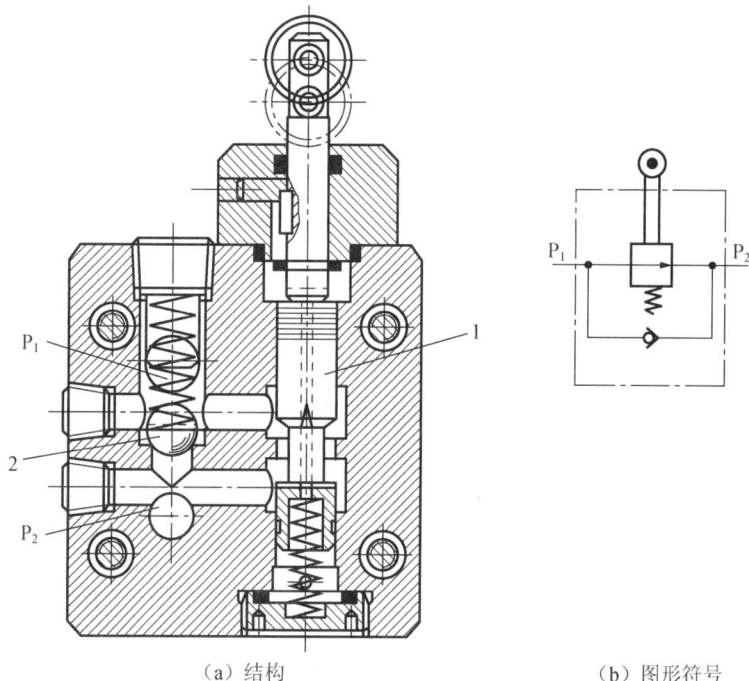

（a）结构　　　　　　　　　　（b）图形符号

图 2-47　单向减速阀

1—阀芯　2—钢球

2. 调速阀

01 调速阀的组成及其工作原理

调速阀是由一个定差减压阀和一个可调节流阀串联组合而成的。用定差减压阀来保证可调节流阀前后的压力差 Δp 不受负载变化的影响,从而使通过节流阀的流量保持稳定。

图 2-48 所示为调速阀的工作原理。压力油液 p_1 经节流减压后以压力 p_2 进入节流阀,然后以压力 p_3 进入液压缸左腔,推动活塞以速度 v 向右运动。节流阀前后的压力差 $\Delta p = p_2 - p_3$。减压阀阀芯 1 上端的油腔 b 经通道 a 与节流阀出油口相通,其油液压力为 p_3;其肩部油腔 c 和下端油腔 d 经通道 f 和 e 与节流阀进油口(即减压阀出油口)相通,其油液压力为 p_2,当作用于液压缸的负载 F 增大时,压力 p_3 也增大,作用于减压阀阀芯上端的油液压力也随之增大,使阀芯下移,减压阀进油口处的开口加大,压力降减小,因而使减压阀出口(节流阀进口)处压力 p_2 增大,结果保持了节流阀前后的压力差 $\Delta p = p_2 - p_3$ 基本不变。当负载 F 减小时,压力 p_3 减小,减压阀阀芯上端的油腔压力减小,阀芯在油腔 c 和 d 中压力油(压力为 p_2)的作用下上移,使减压阀进油口处开口减小,压力降增大,因而使 p_2 随之减小,结果仍保持节流阀前后压力差 $\Delta p = p_2 - p_3$ 基本不变。

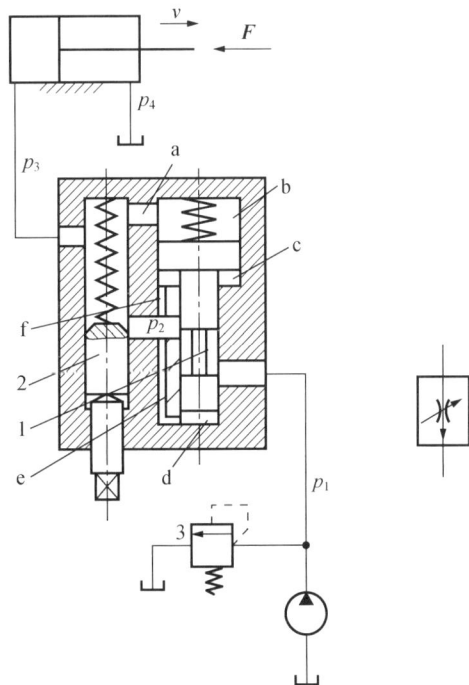

图 2-48　调速阀的工作原理

1—减压阀阀芯　2—节流阀阀芯　3—溢流阀

因为减压阀阀芯上端油腔 b 的有效作用面积 A 与下端油腔 c 和 d 的有效作用面积相

等，所以在稳定工作时，不计阀芯的自重及摩擦力的影响，减压阀阀芯上的力平衡方程为

$$p_2A=p_3A+F_{簧}$$

或

$$p_2-p_3=F_{簧}/A \tag{2-8}$$

式中，p_2——节流阀前（即减压阀后）的油液压力，Pa；

p_3——节流阀后的油液压力，Pa；

$F_{簧}$——减压阀弹簧的弹簧作用力，N；

A——减压阀阀芯大端有效作用面积，m^2。

因为减压阀阀芯弹簧很软（刚度很低），当阀芯上下移动时其弹簧作用力 $F_{簧}$ 变化不大，所以节流阀前后的压力差 $\Delta p = p_2-p_3$ 基本不变，为一常量，也就是说当负载变化时，通过调速阀的油液流量基本不变，液压系统执行元件的运动速度保持稳定。

02 调速阀的结构

图 2-49 所示为调速阀的结构。调速阀由阀体 3、减压阀阀芯 7、减压阀弹簧 6、节流阀阀芯 4、节流阀弹簧 5、调节杆 2 和调速手柄 1 等组成。压力油 p_1 从进油口进入环形通道 f，经减压阀阀芯处的狭缝减压为 p_2 后到环形槽 e，再经孔 g 的节流阀阀芯的轴向三角槽节流后变为 p_3，由油腔 b、孔 a 从出油口流出（图中未画出）。节流阀前的压力油 p_2 经孔 d 进入减压阀阀芯大端的右腔，并经阀芯的中心通孔流入阀芯小端的右腔。节流阀后的压力油 p_3 经孔 a 和孔 c（图中未画出孔 a 到孔 c 的通道）进入减压阀阀芯大端的左腔。转动调速手柄通过调节杆可使节流阀阀芯轴向移动，调节所需的流量。

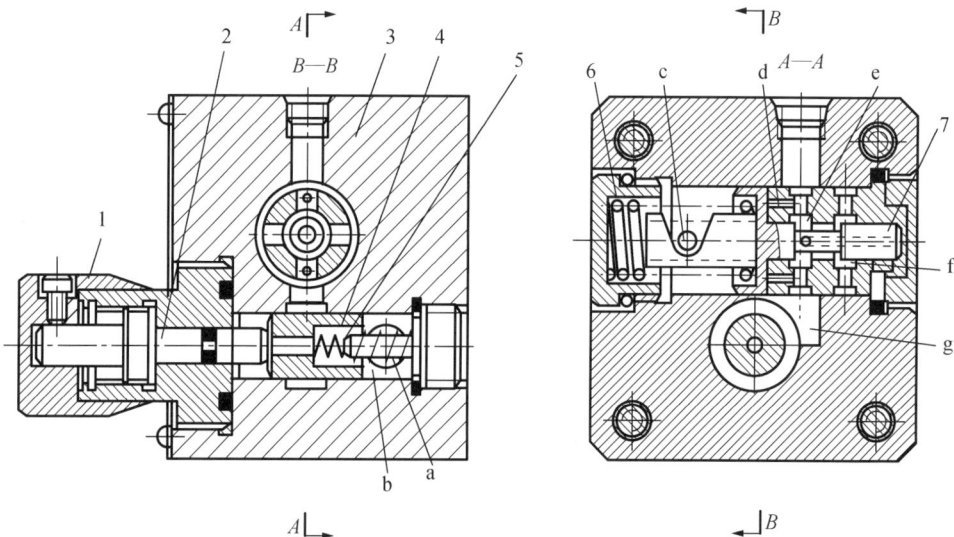

图 2-49　调速阀的结构

1—调速手柄　2—调节杆　3—阀体　4—节流阀阀芯　5—节流阀弹簧　6—减压阀弹簧　7—减压阀阀芯

其他常用的调速阀还有与单向阀组合成的单向调速阀和可减小温度变化对流量稳定性影响的温度补偿调速阀等。

2.4 液压辅助元件

◎ 学习重点

1. 油箱和油管的结构及使用维护方法，油箱与液压泵的安装方法。
2. 油管与管接头的结构、安装与维护。
3. 过滤器的功能、安装与维护，过滤器的常用类型及选用。
4. 压力继电器的结构、原理及选用。

液压辅助元件是保证液压系统正常工作不可缺少的组成部分。它在液压系统中虽然只起辅助作用，但使用数量多，分布很广，如果选择或使用不当，不但会直接影响系统的工作性能和使用寿命，甚至会使系统发生故障，因此必须予以足够重视。

2.4.1　油箱和油管

1. 油箱

01 油箱的功用

油箱在液压系统中的功用是储存油液、散发油液中的热量、沉淀污物并逸出油液中的气体。

在液压系统中，可利用床身或底座内的空间作为油箱，也可采用单独油箱。前者结构较紧凑，回收漏油也较方便，但油液温度的变化容易引起床身的热变形，液压泵的振动也会影响机械的工作性能，所以精密机械多采用单独油箱。

02 油箱的结构

油箱的结构如图 2-50 所示。

为了保证油箱的功用，在结构上应注意以下几个方面：

（1）应便于清洗；油箱底部应有适当斜度，并在最低处设置放油塞，换油时可使油液和污物顺利排出。

（2）在易见的油箱侧壁上设置液位计（俗称油标），以指示油位高度。

（3）油箱加油口应装滤油网，口上应有带通气孔的盖。

（4）吸油管与回油管之间的距离要尽量远些，并采用多块隔板隔开，分成吸油区和回油区，隔板高度约为油面高度的 3/4。

（5）吸油管口离油箱底面距离应大于 2 倍油管外径，离油箱箱边距离应大于 3 倍油管外径。吸油管和回油管的管端应切成 45°的斜口，回油管的斜口应朝向箱壁。

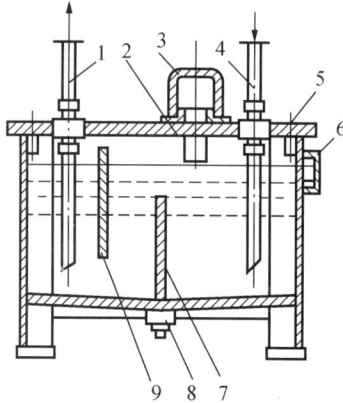

图 2-50　油箱的结构

1—吸油管　2—滤油网　3—盖　4—回油箱　5—盖板　6—液位计　7，9—隔板　8—放油塞

03 油箱与液压泵的安装

单独油箱的液压泵和电动机的安装有两种方式：卧式（图 2-51）和立式（图 2-52）。

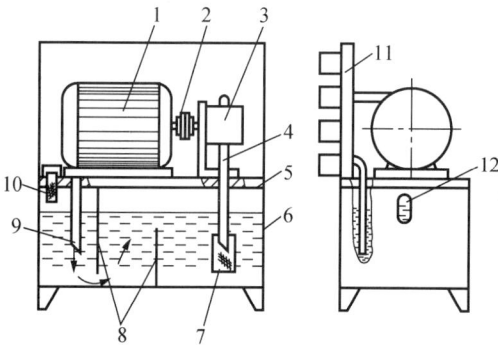

图 2-51　液压泵卧式安装的油箱

1—电动机　2—联轴器　3—液压泵　4—吸油管
5—盖板　6—油箱体　7—过滤器　8—隔板　9—回油管
10—加油口　11—控制阀连接板　12—液位计

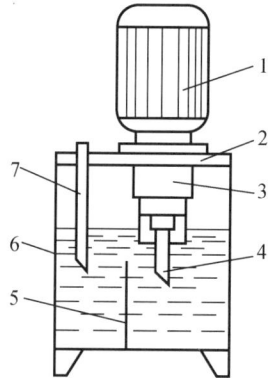

图 2-52　液压泵立式安装的油箱

1—电动机　2—盖板　3—液压泵　4—吸油管　5—隔板
6—油箱体　7—回油管

卧式安装时，液压泵及油管接头露在油箱外面，安装和维修较方便；立式安装时，液压泵和油管接头均在油箱内部，便于收集漏油，油箱外形整齐，但维修不方便。

单元 2　液压系统的组成与结构

04　油箱的容量

油箱的容量必须保证：液压设备停止工作时，系统中的全部油液流回油箱时不会溢出，而且还有一定的预备空间，即油箱液面不超过油箱高度的 80%。液压设备管路系统内充满油液工作时，油箱内应有足够的油量，使液面不致太低，以防止液压泵吸油管处的滤油器吸入空气。通常油箱的有效容量为液压泵额定流量的 2～6 倍。

2. 油管和管接头

01　油管

液压传动中，常用的油管有钢管、纯铜管、尼龙管、橡胶软管、耐油塑料管等。

（1）钢管：能承受高压，油液不易氧化，价格低廉，但装配弯形较困难。常用的有 10 号、15 号冷拔无缝钢管，主要用于中、高压系统中。

（2）纯铜管：装配时弯形方便，且内壁光滑，摩擦阻力小，但易使油液氧化，耐压力较低，抗振能力差，一般适用于中、低压系统中。

（3）尼龙管：弯形方便，价格低廉，但寿命较短，可在中、低压系统中部分替代纯铜管。

（4）橡胶软管：由耐油橡胶夹以 1～3 层钢丝编织网或钢丝绕层做成。其特点是装配方便，能减轻液压系统的冲击、吸收振动，但制造困难，价格较贵，寿命短，一般用于有相对运动部件间的连接。

（5）耐油塑料管：价格便宜，装配方便，但耐压力低，一般用于泄漏油管。

02　管接头

管接头用于油管与油管、油管与液压元件间的连接。管接头的种类很多，图 2-53 所示为几种常用的管接头结构。

图 2-53（a）所示为扩口式薄壁管接头，适用于铜管或薄壁钢管的连接，也可用来连接尼龙管和塑料管，在一般的压力不高的机床液压系统中，应用较为普遍。

图 2-53（b）所示为焊接式钢管接头，用来连接管壁较厚的钢管，用在压力较高的液压系统中。

图 2-53（c）所示为夹套式管接头，当旋紧管接头的螺母时，利用夹套两端的锥面使夹套产生弹性变形来夹紧油管。这种管接头装拆方便，适用于高压系统的钢管连接，但制造工艺要求高，对油管要求严格。

图 2-53（d）所示为高压软管接头，多用于中、低压系统的橡胶软管的连接。

59

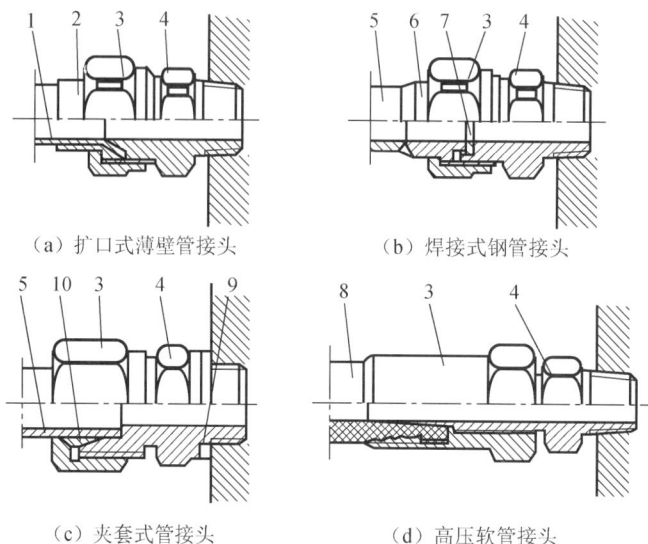

（a）扩口式薄壁管接头 （b）焊接式钢管接头

（c）夹套式管接头 （d）高压软管接头

图 2-53 管接头

1—扩口薄管 2—管套 3—螺母 4—接头体 5—钢管 6—接管 7—密封垫 8—橡胶管 9—组合密封垫 10—夹套

2.4.2 过滤器

1. 过滤器的功用

液压系统使用前因清洗不好，残留的切屑、焊渣、型砂、涂料、尘埃、棉丝，加油时混入的以及油箱和系统密封不良进入的杂质等外部污染和油液氧化变质的析出物混入油液中，会引起系统中相对运动零件表面磨损、划伤，甚至卡死，还会堵塞控制阀的节流口和管路小口，使系统不能正常工作。因此，清除油液中的杂质，使油液保持清洁是确保液压系统能正常工作的必要条件。

通常，油液利用油箱结构先沉淀，再采用过滤器进行过滤。

2. 过滤器的安装

过滤器又称滤油器，一般安装在液压泵的吸油口、压油口及重要元件的前面。通常，液压泵吸油口安装粗过滤器，压油口与重要元件前安装精过滤器。

（1）安装在液压泵的吸油管路上（图 2-54 中的过滤器 1），可保护泵和整个系统。要求有较大的通流能力（不得小于泵额定流量的 2 倍）和较小的压力损失（不超过 0.02MPa），以免影响液压泵的吸入性能。为此，一般多采用过滤精度较低的网式过滤器。

（2）安装在液压泵的压油管路上（图 2-54 中的过滤器 2），用以保护除泵和溢流阀以外的其他液压元件。要求过滤器具有足够的耐压性能，同时压力损失应不超过0.35MPa。为防止过滤器堵塞时引起液压泵过载或滤芯损坏，应将过滤器安装在与溢流阀并联的分支油路上，或与过滤器并联一个开启压力略低于过滤器最大允许压力的安全阀。

（3）安装在系统的回油管路上（图 2-54 的过滤器 3），不能直接防止杂质进入液压系统，但能循环地滤除油液中的部分杂质。这种方式过滤器不承受系统工作压力，可以使用耐压性能低的过滤器。为防止过滤器堵塞引起事故，也需并联安全阀。

（4）安装在系统旁油路上（图 2-54 中的过滤器 4），过滤器装在溢流阀的回油路，并与一安全阀相并联。这种方式滤油器不承受系统工作压力，又不会给主油路造成压力损失，一般只通过泵的部分流量（20%～30%），可采用强度低、规格小的过滤器。但过滤效果较差，不宜用在要求较高的液压系统中。

（5）安装在单独过滤系统中（图 2-54 中的过滤器 5），它是用一个专用液压泵和过滤器单独组成一个独立于主液压系统之外的过滤回路。这种方式可以经常清除系统中的杂质，但需要增加设备，适用于大型机械的液压系统。

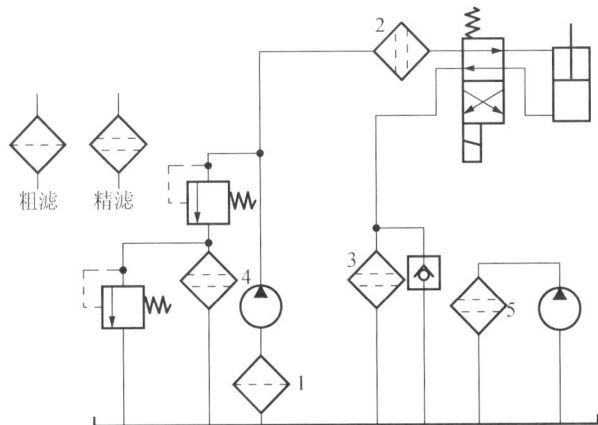

图 2-54　滤油器的安装位置

3. 过滤器的类型

常用的过滤器有网式、线隙式、烧结式、纸芯式和磁性过滤器等多种类型。

01 网式过滤器

网式过滤器为周围开有很大窗口的金属或塑料圆筒，外面包着一层或两层方格孔眼的铜丝网（图 2-55），没有外壳，结构简单，通油能力大，但过滤效果差，通常用在液压泵的吸油口。

02 线隙式过滤器

图 2-56 所示为线隙式过滤器，是用金属线（铜线或铝线）绕在筒形芯架外部，利用线间的缝隙过滤油液。芯架 2 上开有许多纵向槽 a 和径向孔 b，油液从金属线 3 缝隙中进入槽 a，再经孔 b 进入过滤器内部，然后从端盖 1 中间的孔进入吸油管路。这种过滤器结构简单，通油能力强，过滤效果好，但不易清洗，一般用于低压系统液压泵的吸油口。

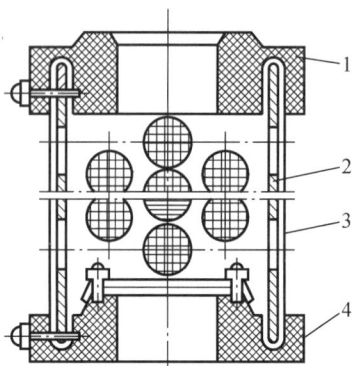

图 2-55　网式过滤器

1—上盖　2—圆筒　3—钢网　4—下盖

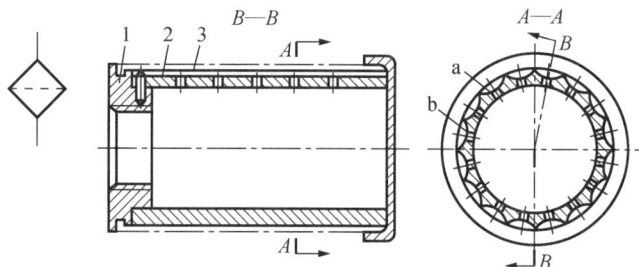

图 2-56　线隙式过滤器

1—端盖　2—芯架　3—金属线

图 2-57 所示为带有壳体的线隙式过滤器，可用于压力油路。

03 烧结式过滤器

烧结式过滤器的滤芯一般由金属粉末（颗粒状的锡青铜粉末）压制后烧结而成，通过金属粉末颗粒间的孔隙过滤油液中的杂质。滤芯可制成板状、管状、杯状、碟状等。图 2-58 所示为管状烧结式过滤器，油液从壳体 2 左侧 A 孔进入，经滤芯 3 过滤后，从底部 B 孔流出。烧结式过滤器强度高，耐高温，耐腐蚀性强，过滤效果好，可在压力较大的条件下工作，是一种使用广泛的精过滤器。其缺点是通油能力低，压力损失较大，堵塞后清洗比较困难，烧结颗粒容易脱落等。

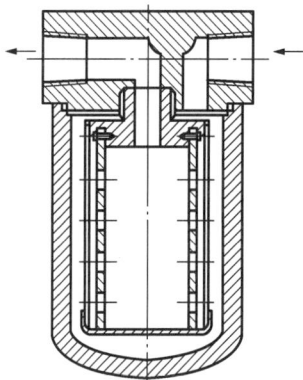

图 2-57　带有壳体的线隙式过滤器

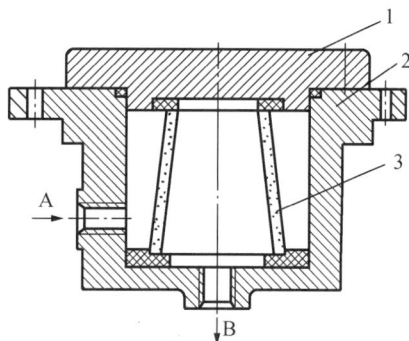

图 2-58　管状烧结式过滤器

1—顶盖　2—壳体　3—滤芯

04 纸芯式过滤器

图 2-59 所示为纸芯式过滤器的结构，它是利用微孔过滤纸滤除油液中杂质的。纸芯 1 一般做成折叠形，以增大过滤面积，在纸芯内部有带孔的芯架 2，用来增加强度，

以免纸芯被压力油压破。油液从滤芯外部进入滤芯内部，被过滤后从孔 a 流出。

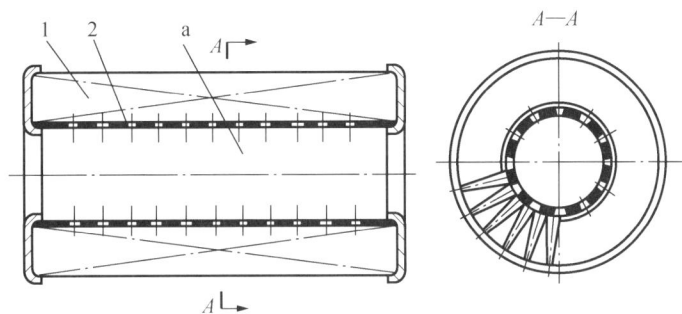

图 2-59 纸芯式过滤器

1—纸芯 2—芯架

纸芯式过滤器过滤精度高，但通油能力低，易堵塞，不能清洗，纸芯需要经常更换，主要用于低压小流量的精过滤。

05 磁性过滤器

磁性过滤器用于过滤油液中的铁屑。简单的磁性过滤器可以用几块磁铁组成。

2.4.3 压力继电器和压力计

1. 压力继电器

01 用途

压力继电器是用来将液压信号转换为电信号的辅助元器件。其作用是根据液压系统的压力变化自动接通或断开有关电路，以实现程序控制和安全保护功能。

02 结构

图 2-60 所示为压力继电器的工作原理。控制油口 K 与液压系统相连通，当油液压力达到调定值时，薄膜 1 在液压作用力作用下向上鼓起，使柱塞 5 上升，钢球 8 和 2 在柱塞锥面的推动下水平移动，通过杠杆 9 压下微动开关 11 的触销 10，接通电路，从而发出电信号。发出电信号时的油液压力可通过调节螺钉 7，改变弹簧 6 对柱塞的压力进行调定。当控制油口 K 的压力下降到一定数值时，弹簧 6 和 3（通过钢球 2）将柱塞压下，这时钢球 8 落入柱塞的锥面槽内，微动开关的触销复位，将杠杆推回，电路断开。

2. 压力计

01 用途

观察液压系统中各工作点（如液压泵出口、减压阀后等）的油液压力，以便操作人员把系统的压力调整到要求的工作压力。

02 结构

图 2-61 所示为常用的一种压力计（俗称压力表），由测压弹簧管 1、齿扇杠杆放大机构 2、基座 3 和指针 4 等组成。压力油液从下部油口进入弹簧管后，弹簧管在油液压力的作用下变形伸张，通过齿扇杠杆放大机构将变形量放大并转换成指针的偏转（角位移），油液压力越大，指针偏转角度越大，压力数值可由表盘上读出。

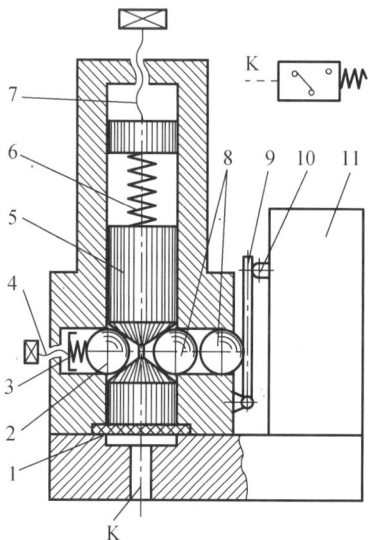

图 2-60　压力继电器的工作原理

1—薄膜　2，8—钢球　3，6—弹簧　4，7—调节螺钉
5—柱塞　9—杠杆　10—触销　11—微动开关

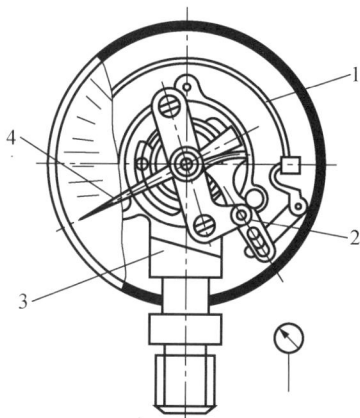

图 2-61　压力计

1—弹簧管　2—放大机构　3—基座　4—指针

思　考　题

1．液压泵的工作原理是什么？其工作压力取决于什么？
2．液压系统中，常见的液压泵分为哪几类？
3．双作用式叶片泵的工作原理是什么？
4．齿轮泵的困油现象是什么？如何解决？
5．常见的液压缸有几种类型？有何特点？
6．什么是油缸的差动连接？有何特点？
7．液压马达与液压泵在结构和功能上有什么异同？
8．试说明普通单向阀和液控单向阀的工作原理及区别。
9．滑阀式换向阀有哪几种控制方式？
10．画出溢流阀、减压阀和顺序阀的图形符号，并说明其功能。

3
单元

液压系统的安装与调试

>>>>

◎ **单元导读**

本单元共安排 10 个实训。通过实践，需要达成如下能力目标:

1. 能根据实训要求选择元件，会分析元件功能，掌握选用依据。

2. 能够绘制液压系统控制原理图并分析原理。

3. 根据控制原理图正确安装回路，并能调试成功。

4. 使用测试仪器对系统的压力、流量等参数进行测试，并能分析其特性。

3.1 油罐车软管卷轴驱动系统的安装与调试

◎ **学习重点**

1. 液压马达的安装。
2. 液压系统的认识与安装。
3. 液压马达转速及转向的调整方法。

1. 实训要求

如图 3-1 所示，油罐车的卷筒转轴由液压马达驱动。当软管展开不被卷起时，转轴长期处于静止状态。油罐中的油液全部注入油箱后，通过一个三位四通控制阀可将软管卷起，卷筒的转速可以通过节流阀实现调速功能。要求如下：

（1）设计卷筒转轴的控制系统并确定元件选型。
（2）完成系统回路安装并调试。
（3）记录各种情况下液压马达转 20 转的耗时，并绘制曲线。

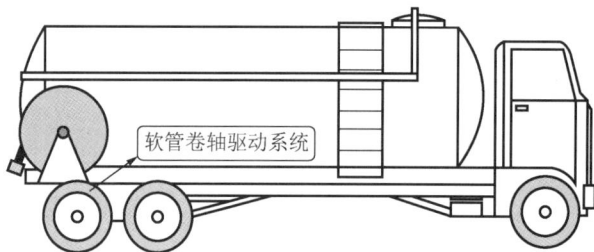

图 3-1　油罐车软管卷轴驱动系统

2. 实训元器件

本实训所需元器件见表 3-1。

表 3-1　实训所需元器件

序号	编号	数量	名称
1	0Z1	1	液压源
2	0Z2	1	压力表
3	0V1	1	节流阀
4	1V1	1	三位四通手动换向阀（M 型）
5	1A	1	普通液压马达
6	—	4	油管
7	—	1	秒表
8	1S1	1	压力传感器

3. 参考方案

本实训液压系统参考方案见图 3-2。

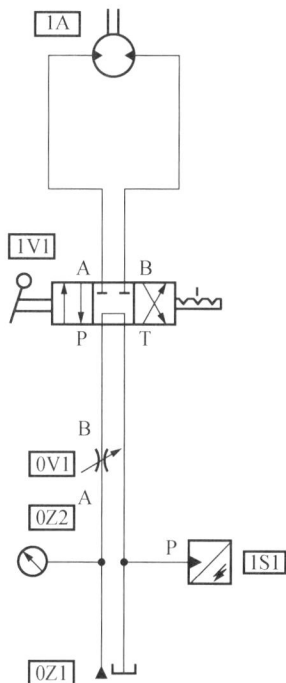

图 3-2　油罐车软管卷轴液压系统原理

4. 调试说明

组装完成液压回路时，首先应使三位四通手动换向阀 1V1 处于中位，开启液压泵，将溢流阀逐渐关闭直至压力表 0Z2 显示 60bar（6MPa）。将三位四通换向阀调至左或右工作位，此时液压马达 1A 正向或反向转动，通过节流阀 0V1 调节马达转速，随之测量。

3.2　传送带方向校正装置控制系统的安装与调试

◎ 学习重点

1. 三位四通手动换向阀的功能、结构及其应用。
2. 液控单向阀的使用。
3. 元件的安装、管路的连接。

1. 实训要求

一条链式传送带传送工件，经过一个烘箱。为了保证传送带不脱离滚轴，必须借助一个传送带方向校正装置（图 3-3）将偏移的传送带移正。此装置包括一个钢质滚筒，滚筒一端固定，另一端通过双作用液压缸将其调节到所需的位置。液压泵必须一直处于工作状态。为了节约能源，在换向阀不工作时，液压系统必须处于液压泵低压卸荷状态，用一个绷紧装置对传送带不断施加一个反作用力，用一个液控单向阀来防止阀门泄漏而引起液压缸活塞杆往返运动。要求如下：

（1）设计传送带方向校正装置控制系统并确定元件选型。

（2）完成系统回路安装并调试。

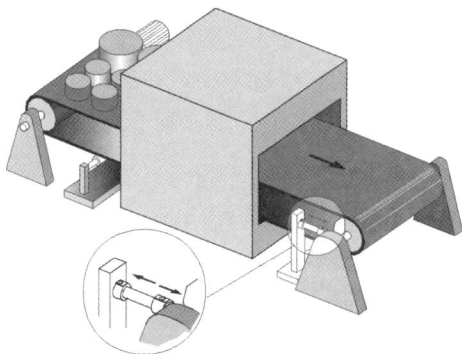

图 3-3　传送带方向校正装置

2. 实训元器件

本实训所需元器件见表 3-2。

表 3-2　实训所需元器件

序号	编号	数量	名称
1	0Z1	1	液压泵
2	0Z2	1	压力表
3	0V1	1	溢流阀
4	0V2	1	开关阀
5	1V1	1	三位四通手动换向阀（M 型）
6	1V2	1	液控单向阀
7	1A	1	液压缸
8	1S1、1S2	2	压力传感器
9	—	9	油管
10	—	3	三通接头

3. 参考方案

本实训液压系统参考方案见图 3-4。

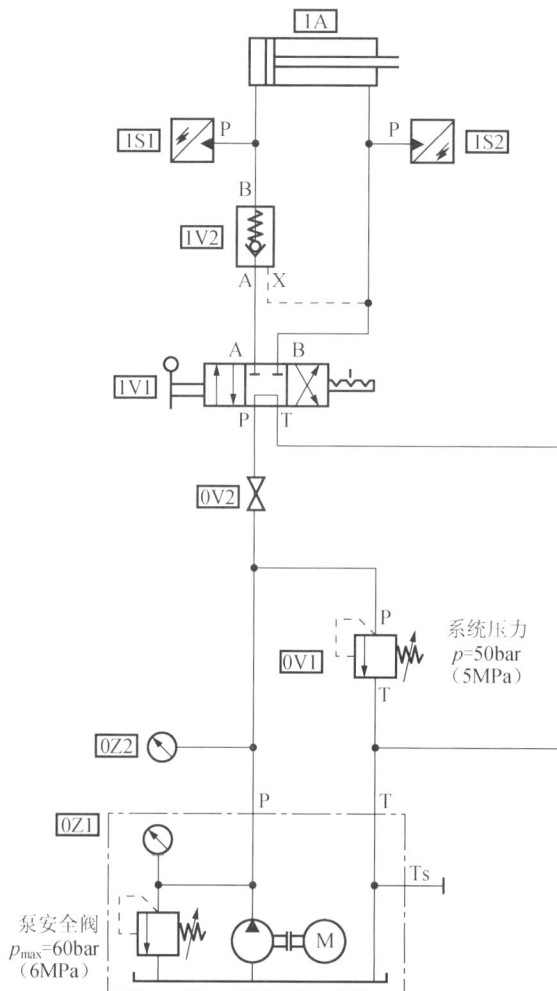

图 3-4　传送带方向校正装置液压系统原理

4. 调试说明

组装并检查回路之后，应关闭压力开关阀 0V2 且打开溢流阀 0V1。接通液压泵 0Z1，并逐渐关闭溢流阀 0V1，直到压力表 0Z2 的显示值为 50bar（5MPa）为止。然后打开压力开关，同时可观察到压力表 0Z2 的显示值立即从所设定的 50bar 明显下降到大约 3bar（3×10⁵Pa）。由于三位四通手动换向阀 1V1 正处于中位，使油液经换向阀流回油箱。调试过程中可通过切换三位四通手动换向阀使活塞杆处于任意位置。当换向阀切换到中位时，活塞杆立刻停止运动。

液控单向阀 1V2 的作用是阻止活塞杆由于反作用力被反压回来。

在应用液控单向阀时，最佳方案是采用 Y 型中位的三位四通换向阀（A、B 连接到 T 且 P 处于关闭状态），这样在换向阀处于中位时，液控单向阀的控制油路和输入油路都处于零压状态，此时液控单向阀可以被可靠关闭。

在本实训中，M 型中位的三位四通手动换向阀或其他中位位置的换向阀也可以在这个练习中使用，阀处于中位时，由于换向阀的滑阀结构存在内部泄漏，可以使液控单向阀的控制油路压力逐渐下降到零，使得液控单向阀关闭，但是关闭的速度比采用 Y 型中位的换向阀要慢。

3.3 压力粘接机控制系统的安装与调试

◎ 学习重点

1. 双作用液压缸压力的确定。
2. 系统压力、行程压力、终端压力的测量与比较。
3. 溢流阀或减压阀的选择。

1. 实训要求

压力粘接机（图 3-5）用于将图形或字体粘到木头和塑料面板上，根据底部材料和粘胶剂的不同，可以调节印制的压力，并可以一段时间内保压（方向控制阀动作时能够被保持较长一段时间）。要求如下：

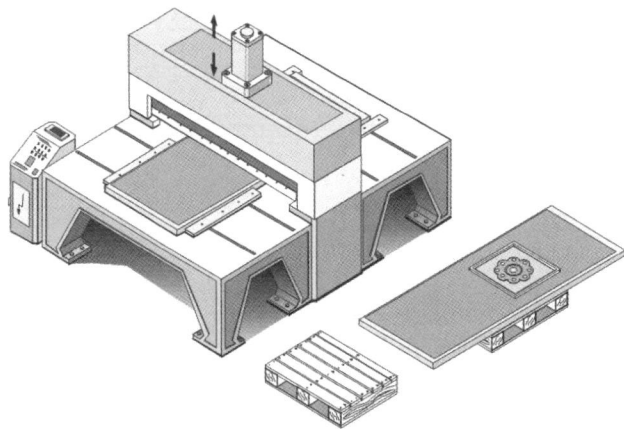

图 3-5　压力粘接机

设计和比较两个液压回路，第一个用减压阀组成，第二个用支路连接的溢流阀组成。在两个回路中，压力控制阀均接在一个三位四通换向阀之后，由换向阀进行控制。

2. 实训元器件

本实训所需元器件见表 3-3。

表 3-3　实训所需元器件

序号	编号	数量	名称
1	0Z1	1	液压泵
2	0Z2、1Z1、1Z2	3	压力表
3	0V、1V4	2	溢流阀
4	1V1	1	三位四通手动换向阀
5	1V2	1	开关阀
6	1V3	1	减压阀
7	1A	1	双作用液压缸
8	—	7	油管
9	—	5	三通接头

3. 参考方案

本实训液压系统参考方案见图 3-6。

4. 调试说明

在设置减压阀的回路中，当活塞杆返回时，必须打开压力开关，因为减压阀反向是截止的，油液不能从减压阀的 A 口流到 T 口。

在减压阀回路中，当负载达到 30bar（3MPa）时，减压阀起减压作用，此时，系统压力保持在 50bar（5MPa）。另外，当系统中有多个执行元件共用一个液压源时，应当特别注意液压泵应具有足够的排量。

如果在系统支路中安装了一个溢流阀，当负载达到 30bar 时，支路溢流阀起作用，整个系统压力保持在 30bar。溢流阀在这种应用中具有自身的优点。因当液压缸处于保压状态时（换向阀动作能够被保持较长一段时间情况下），整个系统压力保持在 30bar 压力。

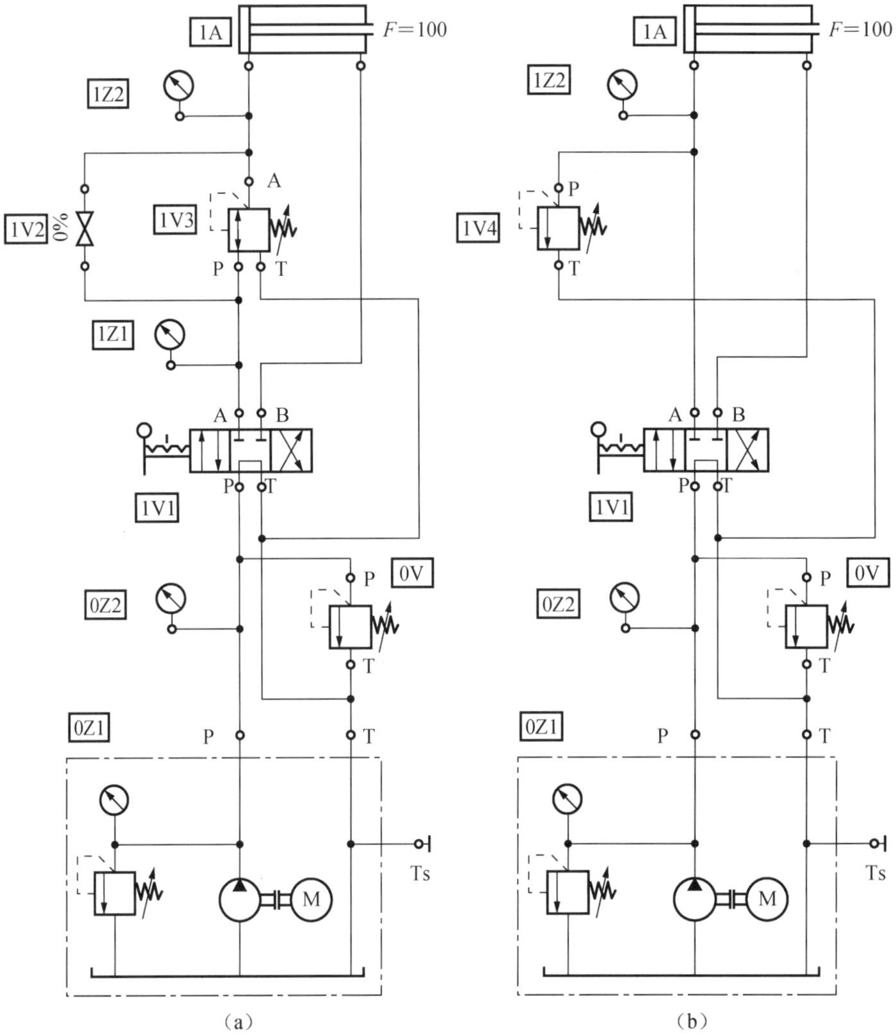

图 3-6 压力粘接机液压控制系统原理

3.4 液压钻床液压控制系统的安装与调试

◎ 学习重点

1. 回油压力可调（降低）液压控制回路的设计。

2. 行程压力和背压，设定反向背压力的测量。

3. 三通减压阀的工作原理。

1. 实训要求

钻床（图 3-7）用于加工各种空心体的零件，工件被一台液压台虎钳夹紧，根据空心体的壁厚不同，夹紧力必须能够调整，同时通过单向节流阀来调节台虎钳夹紧的程度。要求如下：

（1）设计卷筒转轴的控制系统并确定元件选型。

（2）完成系统回路安装并调试。

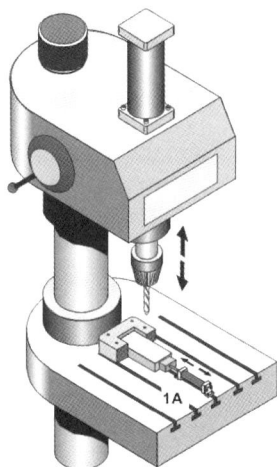

图 3-7　钻床

2. 实训元器件

本实训所需元器件见表 3-4。

表 3-4　实训所需元器件

序号	编号	数量	名称
1	0Z1	1	液压泵
2	0Z2、1Z1、1Z2、1Z3	4	压力表
3	0V	1	溢流阀
4	1V1	1	三位四通手动换向阀
5	1V2	1	减压阀
6	1V3	1	单向阀
7	1V4	1	开关阀
8	1A	1	双作用液压缸
9	1V5	1	单向节流阀
10	—	15	油管
11	—	5	三通接头

3. 参考方案

本实训液压系统参考方案见图3-8。

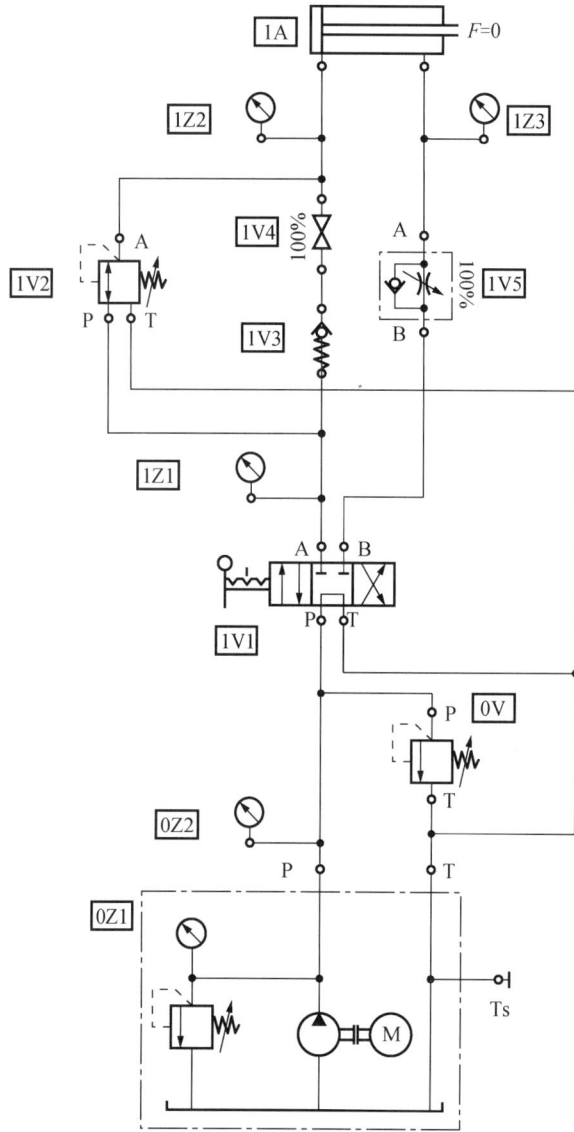

图3-8 钻床液压控制系统原理

4. 调试说明

在液压缸行程过程中（状况1），需测量液压缸行程过程中的压力。只有当活塞运动到最前端位置或有阻力起作用时，液压缸进口压力才能被设置为 15bar（如压力表 1Z2

显示）。这个值在活塞到达最前端位置时（状况 2）被证明。上述调试过程表明，减压阀在没有流体通过的情况下仍保持 15bar 的压力。阀 1V3 和 1V4 组成了一个减压阀支路，以实现液压缸返回行程。如果前进行程中有一个与前进行程相反的阻力对抗，即状况 3，尽管系统压力为 50bar，流通压力仅可以达到 12～15bar。通过关闭单向节流阀 1V5，可以将反向压力不断提高，直到压力表 1Z1 的值显示为 15bar 为止。此时，活塞保持静止状态，即状况 4，这就是说，减压阀关闭了。

在状况 5 即反向回程中，通过提高反向压力使减压阀通向油箱的回油口打开，并且压力仅仅达到 15bar。这样，活塞就可以被推回到缩回末端位置。

在状况 6 中，即当活塞杆处于最末端时，减压阀出口压力仍然被保持在 15bar，这是因为通过减压阀的内部回油，减压口仍在工作。当压力降至 15bar 以下，这时减压阀便从现在的 A-T 流向转换到 P-A 状态。因没有流量通过三位四通手动换向阀到达减压阀，所以该压力会下降到 0bar。

在实际中，应在单向节流阀 1V5 处并入一个溢流阀支路，这样可以在避免由于活塞前进行程时的压力倍增造成的高压。

这里，为了简化回路结构，只用了单向节流阀，由于系统是在减压的情况下被操作的，所以在这种情况下不会产生过电压。

3.5　纸张轧辊装置液压系统的安装与调试

◎ 学习重点

1. 溢流阀在系统中的调压及限压作用。
2. 开关阀（二位二通换向阀）的作用。
3. 单向阀的保压功能。

1. 实训要求

纸卷从左侧输送过来，由液压缸驱动的升降台抬起并安装在一个纸张轧辊装置（图 3-9）上，为了确保液压泵免于回流压力的反向干扰，在液压泵与系统之间安装一个单向阀，系统的压力由溢流阀来调节，同时限压，当接通泵时，液压泵的油液直接流向液压缸进行装置的驱动，在与油箱连通的一条支路上安装了阀门（二位二通换向阀）以进行泄油。要求如下：

（1）设计升降装置的控制系统并确定元件选型。

（2）完成系统回路安装并调试。

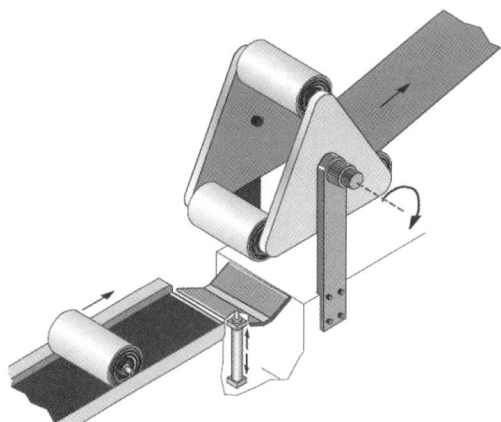

图 3-9　纸张轧辊装置

2. 实训元器件

本实训所需元器件见表 3-5。

表 3-5　实训所需元器件

序号	编号	数量	名称
1	0Z1	1	液压泵
2	0Z2	1	压力表
3	0V1	1	单向阀（5bar）
4	0V2	1	溢流阀
5	1V	1	开关阀（二位二通换向阀）
6	1A	1	双作用液压缸
7	1Z	1	负载
8	—	8	油管
9	—	4	三通接头

3. 参考方案

本实训液压系统参考方案见图 3-10。

4. 调试说明

将液压缸垂直安装（可用带负载的液压缸），液压缸上端（有杆腔）与液压泵油箱连接。回路完成组装后，首先将压力开关阀 1V 关闭，并将溢流阀 0V2 完全开启，然后接通液压泵并且慢慢关闭溢流阀，随着系统压力升高，活塞杆将推动负载上升，直至达到端点位置。继续调节溢流阀，直到压力表 0Z2 的值显示为 50bar。之后关闭液压泵，观察压力表 0Z2，由于单向阀的反向截止功能，系统的压力可以长时间保持（保压）。

当开启压力开关时，系统压力快速降低，在重力作用下活塞杆收回。返回行程中液压油只能通过截止阀（开关阀）返回油箱。

建立保压措施后，使液压泵能够在非工作状态时，长时间关闭或低压卸荷。

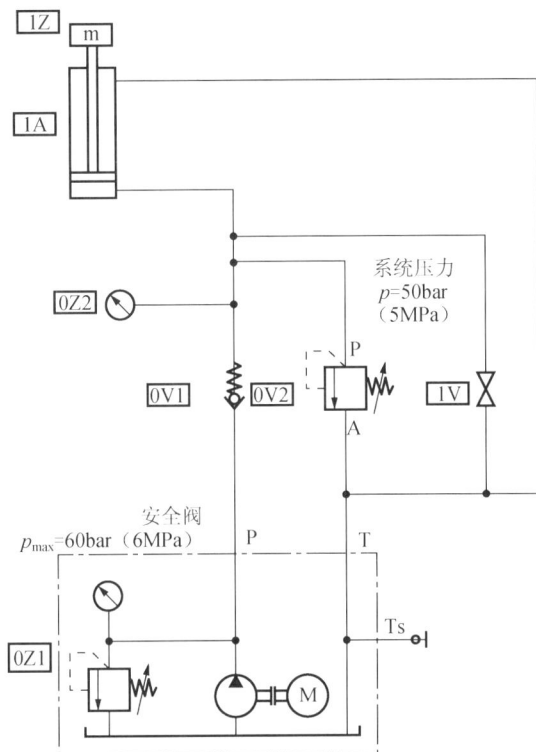

图 3-10　纸张轧辊装置液压系统原理

3.6　压力机液压控制系统的安装与调试

◎ **学习重点**

1. 流量控制阀在进油路和回油路上的安装与使用。
2. 背压的概念和作用。
3. 溢流阀的原理及功能。
4. 溢流阀的安装方法与压力调节。

1. 实训要求

在压力机（图 3-11）上配有快速进给和慢速工进两种回路，以便提高压头移动过程的效率，并在加压操作时获得合适的速度。考虑到工进进给速度的控制系统。压力头需要以牵引载荷为条件，确保在进行快速回程和进给运动时不致失控。在进油或回油路上安装流量控制阀，这在液压缸腔内会产生不同的压力效果。要求如下：

设计一个可避免以上两种回路缺点的液压回路，用一个负载作为牵引载荷。

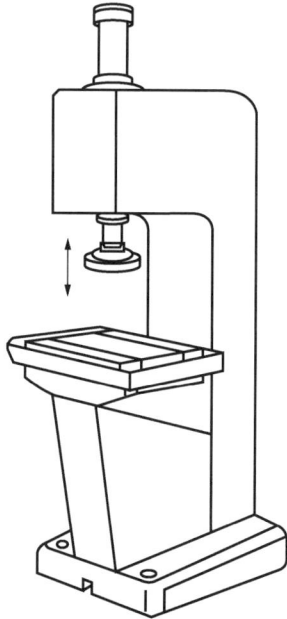

图 3-11　压力机

2. 实训元器件

本实训所需元器件见表 3-6。

表 3-6　实训所需元器件

序号	编号	数量	名称
1	0Z1	1	液压泵
2	0Z2、1Z1、1Z2	3	压力表
3	1V1	1	三位四通手动换向阀（M型）
4	1V2、1V5	2	单向阀
5	1V3	1	调速阀
6	1V4	1	溢流阀
7	1A	1	双作用气缸
8	—	1	负载
9	—	8	油管
10	—	4	三通

3. 参考方案

本实训液压系统参考方案见图 3-12。

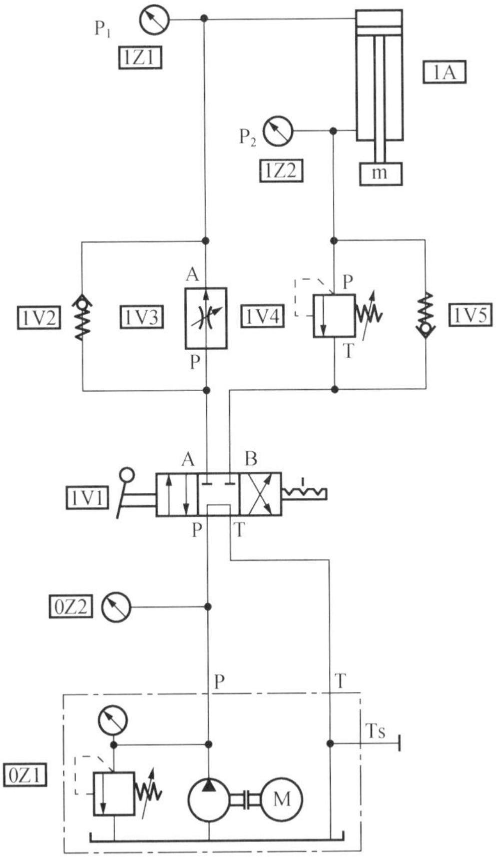

图 3-12　压力机液压控制系统原理

4. 调试说明

液压系统组装完成后，首先将三位四通手动换向阀置于中位。启动动力源中的液压泵，并逐渐关闭调压溢流阀调节系统压力，直至系统压力为 60bar，用三位四通手动换向阀来控制液压缸运动。

若将调速阀打开 1/2 开度，无论是进油节流调速还是回油节流调速，液压缸的运动均可实现速度控制。

进油节流调速回路中液压缸无背压，在牵引负载作用下，液压缸活塞呈现无规则运动状态，位于液压缸活塞腔进油路上的调速阀仅能起到控制活塞顶出速度的作用。

在回油节流调速回路中，由于液压缸压力增加，使活塞杆腔产生大量背压。来自活塞杆腔的回油液流入调速阀，由于调速阀的节流作用，提供了油缸的背压，并阻止液压缸活塞自由下落，油缸前进运动平稳。但是，随着牵引载荷的增大，活塞杆腔的背压也会急剧增大，使得系统效率比进油节流调速回路要低。

在液压缸活塞杆腔安装一个溢流阀，可阻止背压的产生，使液压缸运动平稳。同时，由于溢流阀的作用，一旦压力超出预设值，溢流阀打开使活塞杆腔的回油流入油箱，从而避免了液压缸活塞杆腔产生过高压力。最佳的回路特点是利用一个带单向阀的调速阀安装于液压缸的进油路上，带有背压功能的溢流阀安装在回油路上。

3.7 冷库工作室控制门液压系统的安装与调试

◎ **学习重点**

1. 蓄能器作为液压备用动力源的使用方法。
2. 蓄能器的安装与调试。

1. 实训要求

大型冷库门的开关机构由液压缸驱动，在液压系统中设有一台液压储能装置，其用途是当电力驱动失效（停电）时，用液压蓄能器中的备用液压动力控制冷库门，蓄能器的充液量应允许冷库门被开启和关闭一定的次数。采用带弹簧复位的二位四通手动换向阀来控制液压缸的动作，液压缸的初始状态为活塞杆伸出状态。要求如下：

（1）设计冷库工作室控制门（图3-13）液压控制系统并确定元件选型。

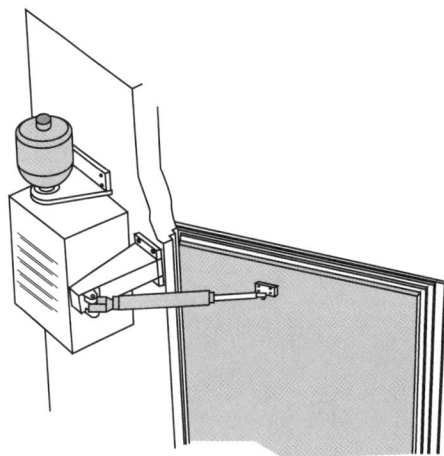

图 3-13　冷库工作室控制门

（2）完成系统回路安装并调试。

（3）分析蓄能器工作原理。

2. 实训元器件

本实训所需元器件见表 3-7。

表 3-7　实训所需元器件

序号	编号	数量	名称
1	0Z1	1	液压泵
2	0Z2、0Z3	2	压力表
3	0V1	1	溢流阀
4	0V2	1	单向阀
5	0V3	1	可调单向节流阀
6	0Z4	1	蓄能器
7	1A	1	双作用气缸
8	1V	1	二位四通手动换向阀
9	—	7	油管
10	—	3	三通

3. 参考方案

本实训液压系统参考方案见图 3-14。

4. 调试说明

完成系统回路安装后，首先进行检测，将蓄能器接通，同时溢流阀被完全开启。启动液压泵并调节溢流阀，设置系统压力为 50bar（5MPa），将蓄能器中的三位换向阀换至左位，向蓄能器充液。再操作二位四通手动换向阀控制液压缸前进和后退几次，之后断开液压泵（液压泵断电）。继续操作二位四通手动换向阀使液压缸在液压系统无电力的情况下前进或后退运动几次。此后蓄能器压力降慢慢下降（压力表可直接显示）。当拆卸液压回路时，要确定先给蓄能器卸压（蓄能器中的三位换向阀处于右位），然后将蓄能器断开。

当液压油被充入蓄能器后，将造成相应气室（或气囊）的气体体积的减小，同时，气室中的气体压力上升，直到气体和液压油的压力相同为止，当液压系统中的压力下降时，气体压力促使液压油返回液压系统。因此，泵的出油口处必须安装单向阀，以阻止当动力装置断开时大量流体反冲液压泵。

在系统需要大流量时，皮囊式蓄能器或活塞式蓄能器都可以被应用。

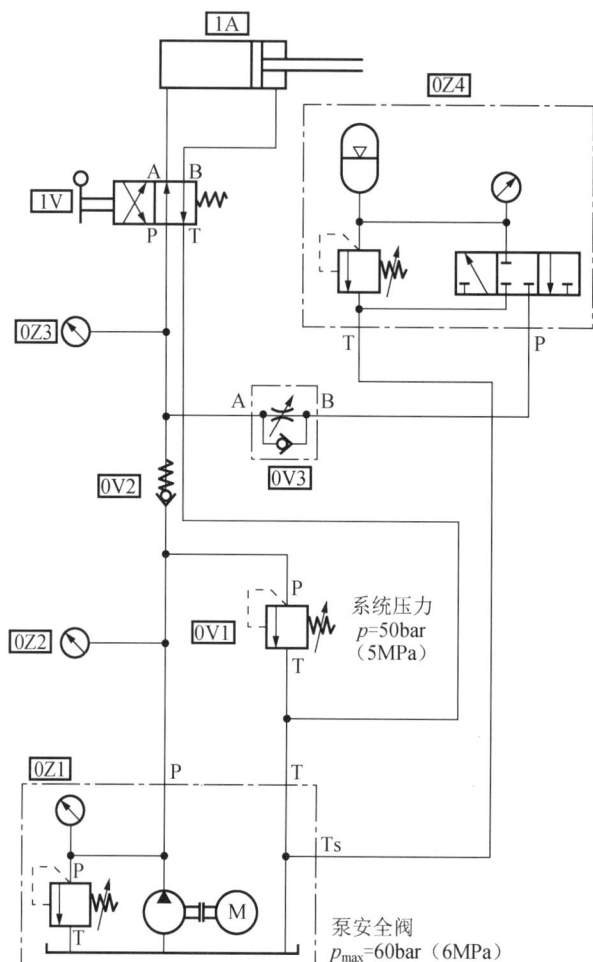

图 3-14　冷库工作室控制门液压控制系统原理

3.8　折弯机液压控制系统的安装与调试

◎ **学习重点**

1. 减压阀的功能和使用。

2. 减压阀的安装与调试。

3. 多缸控制关系原理。

1. 实训要求

液压折弯机（图 3-15）对工件进行的夹紧和折弯两步动作分别由夹紧缸和进给缸来

驱动完成，夹紧力要求可调，并且限制在 600N，进给缸只有当夹紧力达到 40bar（4MPa）时才可进行折弯加工。进给缸的折弯速度可根据工件材料调整。要求如下：

（1）设计折弯机液压控制系统并确定元件选型。

（2）完成系统回路安装并调试。

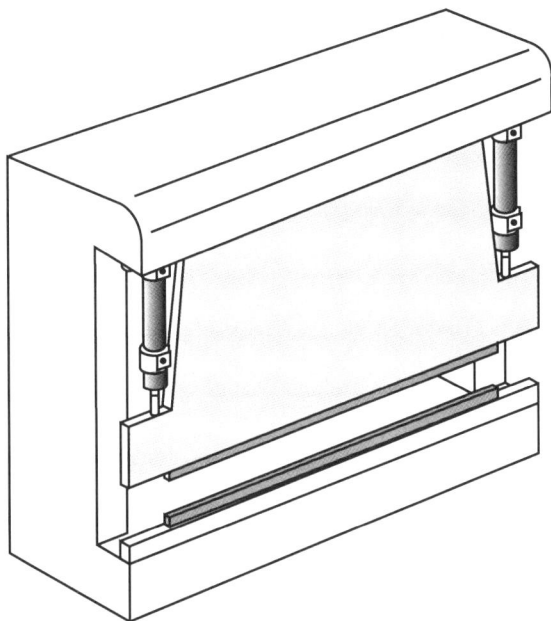

图 3-15 液压折弯机

2. 实训元器件

本实训所需元器件见表 3-8。

表 3-8 实训所需元器件

序号	编号	数量	名称
1	0Z1	1	液压泵
2	0Z2、1Z1、1Z2、2Z	4	压力表
3	2V2	1	溢流阀
4	1V2、2V1	2	单向阀
5	2V3	1	可调单向节流阀
6	1V3	1	减压阀
7	1A、2A	2	双作用气缸
8	1V1	1	三位四通手动换向阀（M 型）
9	—	11	油管
10	—	7	三通

3. 参考方案

本实训液压控制系统参考方案见图 3-16。

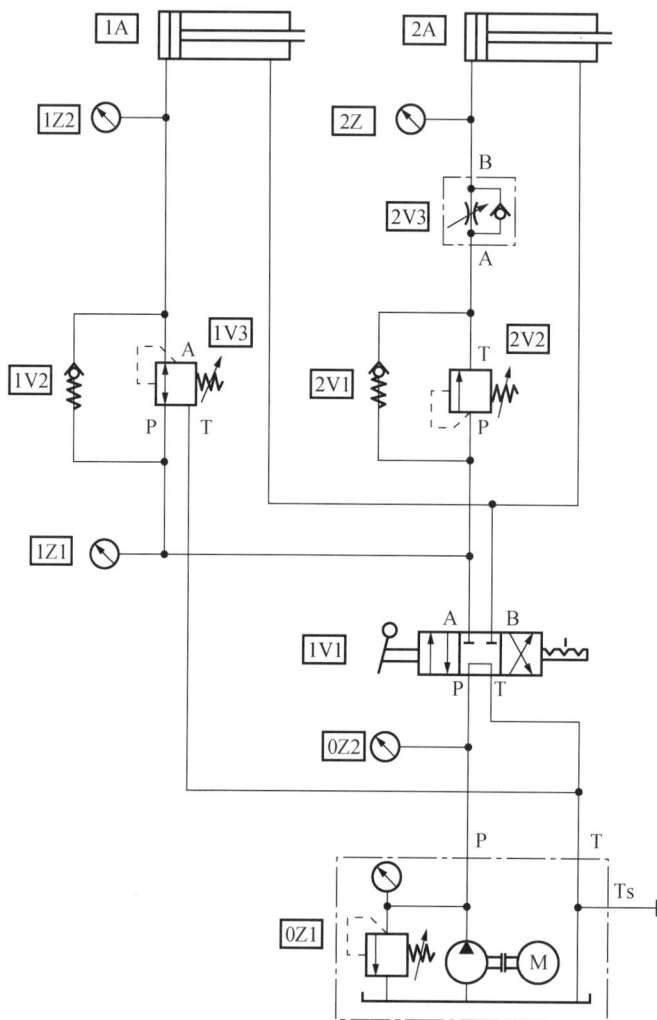

图 3-16　折弯机液压控制系统原理

4. 调试说明

完成组装液压回路后，将三位四通手动换向阀 1V1 置于右位，启动液压泵，并且逐渐关闭系统溢流阀，直至压力表显示为 60bar（6MPa），操作三位四通手动换向阀，使其置于左位工作，使油液从 P 口流至 A 口，此时液压缸开始运动。

首先，夹紧缸 1A 伸出，夹紧工件，当达到所需夹紧力时，溢流阀 2V2 的压力增大，一旦达到设定的最大值，此阀打开，油液推动进给缸 2A 运动，实现折弯动作，同时，通过可调单向节流阀可以调整此缸的速度。

本系统中，减压阀在夹紧缸夹紧工件时调节压力，对于软材料工件，可以设定低压进行夹紧与加工，加压阀在系统中可以用来获得比系统压力低的一个二次稳定工作压力。

3.9　分拣装置液压系统的安装与调试

◎ 学习重点

　　1. 电磁阀的操作模式。

　　2. 继电器单元的连接及使用方法。

　　3. 继电器的功能。

1. 实训要求

分拣装置（图 3-17）用于对沉重的金属工件进行分类，当按下 START 按钮时，双作用气缸的活塞杆将邻近的工件从传送带上推走；当松开 START 按钮时，活塞杆回到其末端位置。要求如下：

（1）设计分拣装置液压控制系统并选择元件。

（2）组装与调试回路。

（3）分析电路原理并接线。

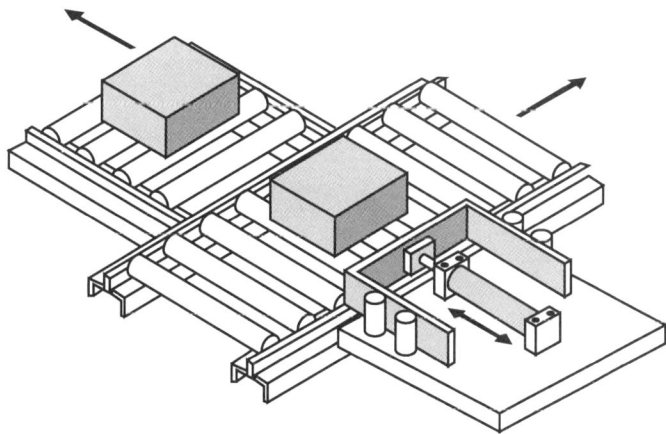

图 3-17　分拣装置

2. 实训元器件

本实训所需元器件见表 3-9。

表 3-9　实训所需元器件

序号	编号	数量	名称
1	0Z	1	液压泵，2 L/min
2	1V	1	4/2 单电控电磁阀
3	1A	1	气缸
4	—	4	快插式液压油管，600mm 和 1000mm
5	—	1	电信号开关单元
6	—	1	带安全插头的导线
7	—	1	电源，24V

3. 参考方案

本实训液压系统参考方案见图 3-18 和图 3-19。

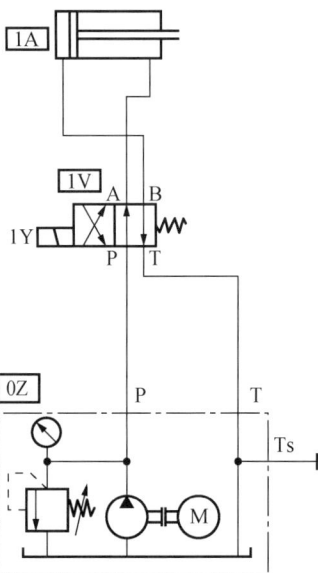

图 3-18　分拣装置液压系统原理

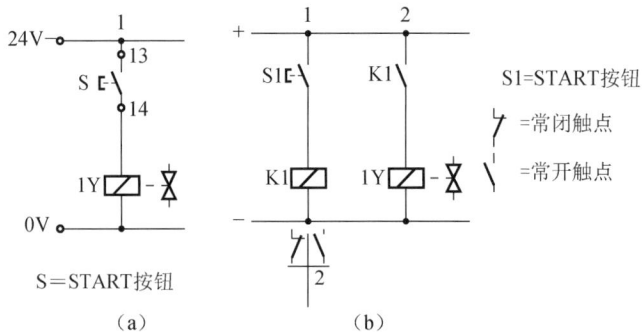

S1=START按钮

↗↙ =常闭触点

↗ =常开触点

S＝START按钮

（a）　　　　　　（b）

图 3-19　电磁阀电路原理

4. 调试说明

当按下 START 按钮 S 时，电磁线圈 1Y 的回路关闭，4/2 单电控电磁阀启动。双作用气缸的活塞杆前进至其终端位置。当松开按钮 S 时，电磁线圈 1Y 的回路中断，4/2 单电控电磁阀回到初始位置。气缸的活塞杆缩回到末端位置。

在电气原理回路图中，图 3-19（a）为直接控制的电路，没有继电器，控制回路和电源电路是不分开的。图 3-19 在（b）中使用了继电器间接控制电磁阀。

3.10　成形机液压系统的安装与调试

◎ 学习重点

1. 二通调速阀的操作模式。

2. 调速阀的原理与功能。

3. 自锁回路的原理与功能。

1. 实训要求

带有双作用气缸的成形机（图 3-20）是用来制造 U 形金属片的机构。该机构的启动信号由按钮给出，当工件被弯曲成形后，另一个按钮给出气缸回程的信号，进程和回程运动速度均在可调的低速下实现，应该使用什么类型的节流阀，以保证可调速度不由负载决定？要求如下：

（1）设计成形机液压控制系统并选择元件。

（2）组装与调试回路。

（3）调速阀的结构原理及安装调试。

（4）分析电路原理并接线。

2. 实训元器件

本实训所需元器件见表 3-10。

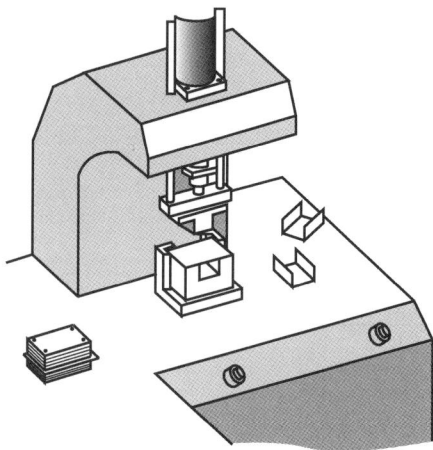

图 3-20　成形机

表 3-10　实训所需元器件

序号	编号	数量	名称
1	0Z1	1	液压泵，2 L/min
2	0Z2、1Z	2	压力表
3	0V1	1	直控制溢流阀
4	0V2	1	二通调速阀
5	1V	1	4/2 单电控电磁阀
6	1A	1	气缸
7	—	2	三通接头
8	—	—	快插式液压油管，600mm 和 1000mm
9	—	1	继电器单元，3 组
10	—	1	电信号开关单元
11	—	1	电信号指示单元
12	—	1	带安全插头的导线
13	—	1	电源，24V

3. 参考方案

本实训液压系统参考方案见图 3-21 和图 3-22。

4. 调试说明

当按下启动按钮 S1 时，继电器 K1 被激活；常开触点 K1 将继电器 K1 的电压锁住。同时，电流通过触点 K1 提供给线圈 1Y。线圈使 4/2 单电控电磁阀开启，活塞杆伸出并前进至终端位置，直至按下返回按钮 S2，S2 将继电器 K1 电路中断。这也会引起线圈

1Y 的电路中断，活塞杆返回初始位置。系统中必须安装一个流量控制阀，即调速阀，以保证速度不会随着负载变化而变动，并且可以控制进程和回程速度。

如果两个按钮 S1 和 S2 被同时按下，液压缸会缩回或保持在缩回的末端位置。因此，称这种回路具有"闭锁"特性。为获得"开启"特性，试思考，修改回路图，使液压缸在这种情况下同时按下 S1 和 S2，液压缸将伸出或保持在伸出的末端位置。

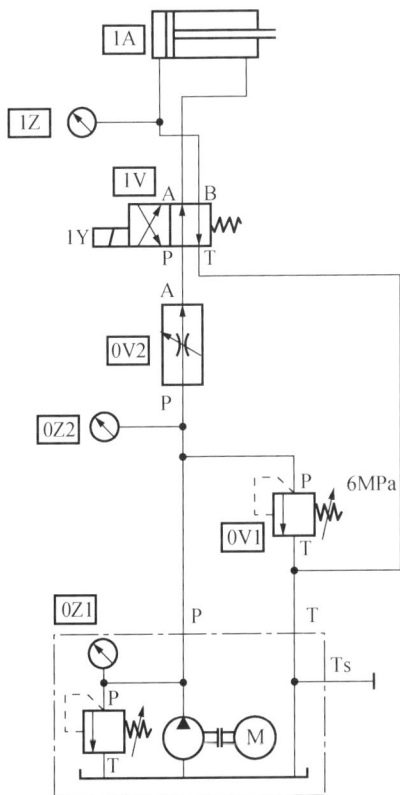

图 3-21 成形机液压控制系统原理

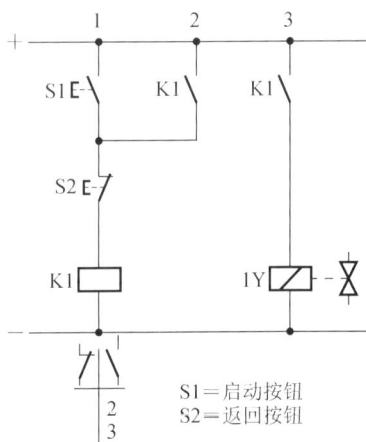

图 3-22 电路原理

思 考 题

1．在液压系统中溢流阀的 P 口和 T 口应如何连接？

2．蓄能器的作用是什么？描述 3.7 节中蓄能器的工作原理。

3．在油罐车软管卷轴驱动系统中，液压马达的转速和转向如何调节？

4．在 3.6 节中，背压阀指的是哪个阀？其作用是什么？

5．描述 3.10 节中成形机控制系统的电路原理。

4 单元

认识气压传动系统

>>>>

◎ **单元导读**

　　气动技术是以压缩空气作为传动介质驱动气动执行元件完成一定运动规律的应用技术，是实现各种生产控制、自动化控制的重要手段之一。

　　气动技术在工业生产中应用十分广泛，它可以用于包装、进给、计量、材料的运输、工件的转动与翻转、工件的分类等场合，还可用于车、铣、钻、锯等机械加工的过程，近年来，气动技术与可编程序控制器结合，可实现更为高端的技术精度，广泛应用于自动生产线的控制。

4.1　气压传动系统概述

◎ 学习重点

1. 气压传动的工作原理。
2. 气压传动系统的组成及部件功能。
3. 空气的主要特性以及对气压传动系统的影响。

4.1.1　气压传动的工作原理

压缩机将电机的机械能转化为流体的压力能，再通过气缸或气马达将压力能转化为机械能，推动负载运动。

气压传动过程如下：

机械能 ⟹ 压力能 ⟹ 机械能

气压传动系统如图 4-1 所示。

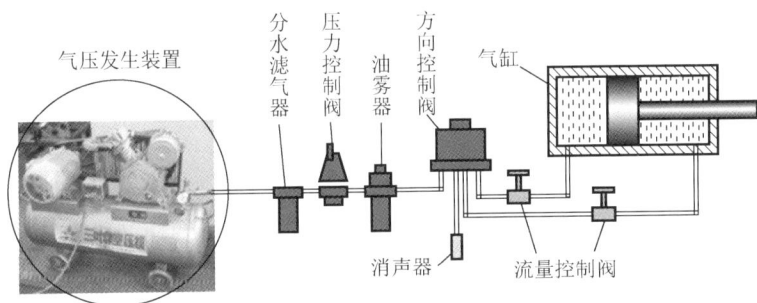

图 4-1　气压传动系统

4.1.2　气压传动系统的组成

（1）动力元件：气源装置，其功能是将原动机输入的机械能转换成流体的压力能，为系统提供动力。

（2）执行元件：气缸或气马达，功能是将流体的压力能转换成机械能，输出力和速度（或转矩和转速），以带动负载进行直线运动或旋转运动。

（3）控制元件：压力、流量和方向控制阀，作用是控制和调节系统中流体的压力、流量和流动方向，以保证执行元件达到所要求的输出力（或力矩）、运动速度和运动方向。

（4）辅助元件：保证系统正常工作所需的辅助装置，包括管道、管接头、油箱或储气罐、过滤器和压力计。

（5）传动介质：压缩空气用于传递能量和动力。

4.1.3 气压传动系统工作介质的特性及对空气的要求

气压传动系统的工作介质是压缩空气。气压传动以压缩空气作为工作介质进行能量传递、转换与控制的传动形式。由于空气介质来源容易并无污染，易防火防爆，因此，气压传动在一些工业中广泛应用，在行业生产中起着重要的作用。

1. 空气的主要物理性质

（1）密度和质量体积。

密度 ρ：单位体积内的空气质量，即

$$\rho = m / V$$

式中，m——空气的质量，kg；

V——空气的体积，m^3。

质量体积（比容）v（单位为 m^3/kg）：单位质量空气的体积，即

$$v = 1 / \rho$$

（2）压缩性：一定质量的气体由于压力改变而导致气体容积发生变化的现象，液体被当作不可压缩流体，气体被称为可压缩流体。

（3）黏性：气体质点相对运动时产生阻力的性质，即流体抗拒流动的能力。

2. 湿空气的特性

湿空气是含有水蒸气的空气，在气压传动中，湿空气的参数要求对于系统的工作具有直接的影响。

（1）绝对湿度 χ：每立方米湿空气中所含水蒸气的质量，即

$$\chi = \frac{m_s}{V} \tag{4-1}$$

式中，m_s——湿空气中水蒸气的质量，kg；

V——湿空气的体积，m^3。

（2）饱和绝对湿度：湿空气中水蒸气的分压力达到该湿度下水蒸气的饱和压力时的绝对湿度，即

$$\chi_b = \frac{p_b}{R_s T} \tag{4-2}$$

式中，p_b——饱和空气中水蒸气的分压力，N/m^2；

R_s——水蒸气的气体常数，R_s=461（N·m）/（kg·K）；

T——热力学温度，K，T=273.1+t（℃）。

（3）相对湿度 ϕ：在相同温度和相同压力下，绝对湿度与饱和绝对湿度之比，即

$$\phi = \frac{\chi}{\chi_b} \times 100\% \approx \frac{p_s}{p_b} \times 100\% \qquad (4\text{-}3)$$

式中，χ——绝对湿度；

　　　χ_b——饱和绝对湿度；

　　　p_s——水蒸气的分压力，N/m^2；

　　　p_b——饱和水蒸气的分压力，N/m^2。

相对湿度表示了湿空气中水蒸气含量接近饱和的程度，也称饱和度。它同时说明了湿空气吸收水蒸气能力的大小。

（4）含湿量 d：每千克质量的干空气中所含有的水蒸气的质量，即

$$d = \frac{m_s}{m_g} = \frac{\rho_s}{\rho_g} \qquad (4\text{-}4)$$

式中，m_s——水蒸气的质量，kg；

　　　m_g——干空气的质量，kg；

　　　ρ_s——水蒸气的密度，kg/m^3；

　　　ρ_g——干空气的密度，kg/m^3。

3. 气体状态方程

理想气体（不计黏性的气体）在平衡状态下，气体的三个基本状态参数：压力、温度和质量体积（比容）之间的关系为

$$pv=RT \text{ 或 } pV=mRT \qquad (4\text{-}5)$$

式中，p——绝对压力，Pa；

　　　v——质量体积（比容），m^3/kg；

　　　R——气体常数，对于干空气 R=287.1（N·m）/（kg·K），对于水蒸气 R=461
　　　　　（N·m）/（kg·K）；

　　　T——热力学温度，K；

　　　m——质量，kg；

　　　V——体积，m^3。

对于定量气体，状态方程可写为

$$\frac{p_1 V_1}{T_1} = \frac{p_2 V_2}{T_2} \qquad (4\text{-}6)$$

由式（4-6）分析可知，理想气体在一定的条件下有下列五种情况：

（1）等容过程：一定质量的气体，在状态变化过程中，若体积保持不变，则有

$$\frac{p_1}{T_1} = \frac{p_2}{T_2} = 常数 \tag{4-7}$$

式（4-7）表明，当体积不变时，压力的变化与温度的变化成正比，当压力上升时，气体的温度随之上升。

（2）等压过程：一定质量的气体，在状态变化过程中，若压力保持不变，则有

$$\frac{V_1}{T_1} = \frac{V_2}{T_2} = 常数 \tag{4-8}$$

式（4-8）表明，当压力不变时，温度上升，气体体积增大（气体膨胀）；温度下降，气体体积减小（气体被压缩）。

（3）等温过程：一定质量的气体，在状态变化过程中，若温度保持不变，则有

$$p_1V_1 = p_2V_2 = 常数 \tag{4-9}$$

式（4-9）表明，当温度不变时，气体压力上升，气体体积被压缩；气体压力下降，气体体积膨胀。

（4）绝热过程：一定质量的气体，在状态变化过程中，若与外界完全无热量交换，则有

$$p_1V_1^{\kappa} = p_2V_2^{\kappa} = 常数 \tag{4-10}$$

式中，κ——等熵指数，对于干空气 $\kappa=1.4$，对于饱和水蒸气 $\kappa=1.3$。

在绝热过程中，气体状态变化与外界无热量交换，系统依靠本身内能的消耗对外做功。

（5）多变过程：一定质量的气体，若其基本状态参数都在变化（即没有任何条件限制），则有

$$p_1V_1^{n} = p_2V_2^{n} = 常数 \tag{4-11}$$

式中，n——多变指数，在一定的多变过程中，n 保持不变；对于不同的多变过程，n 有不同的值。

当 $n=0$ 时，$pV^0=p=$常数，为等压过程。

当 $n=1$ 时，$pV=$常数，为等温过程。

当 $n=\kappa$ 时，$pV^{\kappa}=$常数，为绝热过程。

当 $n=\pm\infty$ 时，$p^{1/n}V=p^0V=V=$常数，为等容过程。

4. 气压传动系统对空气的要求

（1）要求压缩空气具有一定的压力和足够的流量。

（2）要求压缩空气具有一定的清洁度和干燥度（指压缩空气中含水量的多少）。

4.1.4　气压与液压传动的特点及比较

1. 气压传动的优点

（1）空气为介质，来源、排气简单，不污染。

（2）与液压传动相比，启动动作迅速，反应快，维护简单，管路不易堵塞，不存在介质变质和更换的问题。

（3）可安全可靠地用于易燃易爆场所。

（4）能实现过载保护。

2. 气压传动的缺点

（1）空气有可压缩性，工作机动作易受负载变化影响。

（2）工作压力低，系统输出力小。

（3）噪声大，并需给油润滑。

3. 液压传动的优点

（1）运动平稳，反应快，惯性小，能高速启动、制动和换向。

（2）在运行中可实现无级调速。

（3）操作简单、方便，易于实现自动化。

（4）过载保护，使用寿命长。

（5）元件标准化、系列化、通用化。

4. 液压传动的缺点

（1）有压缩性和泄漏，不能保证严格的传动比，污染大。

（2）工作温度有限制，一般为-15～+60℃。

（3）元件精度要求高，造价高。

（4）不易查找故障原因。

（5）系统效率比较低。

5. 共同点

首先通过动力元件（液压泵、空气压缩机）将原动机（如电动机）输入的机械能转换为压力能，再经密封管道和控制元件等输送至执行元件（如液压缸、气缸），又将液体压力能转换为机械能以驱动工作部件。

4.2 气 动 元 件

◎ **学习重点**

1. 气压传动系统的组成及工作过程。
2. 执行元件的常用类型及应用。
3. 气动控制元件的结构、原理及特性。

4.2.1 动力元件

1. 压缩空气站的组成与布局

气源装置为气动设备提供符合需要的压缩空气。气源装置的主体是空气压缩机。

如图 4-2 所示，压缩空气站由空气压缩机 1、后冷却器 2、油水分离器 3、储气罐 4 和 7、干燥器 5、过滤器 6 等组成。压缩空气站是气压系统的动力源装置，是用来产生具有足够压力和流量的压缩空气，并将其净化、处理及储存的一套设备。

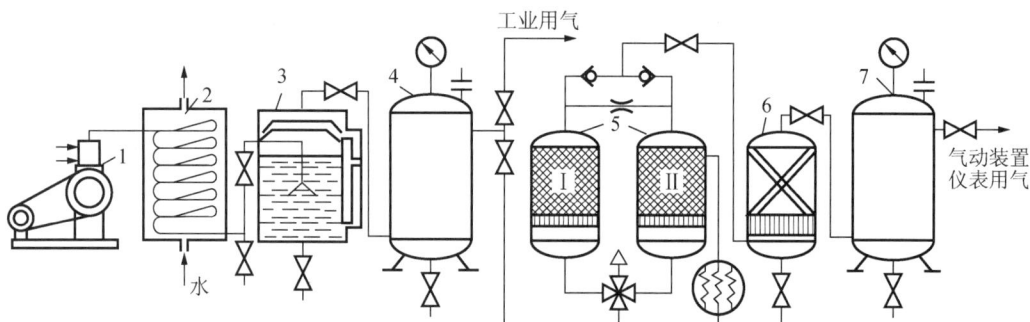

图 4-2　压缩空气站净化流程示意图

1—空气压缩机　2—后冷却器　3—油水分离器　4，7—储气罐　5—干燥器　6—过滤器

2. 空气压缩机的工作原理、种类及选用

空气压缩机（简称空压机）是将原动机的机械能转换成气体压力能的装置，产生并输送压缩空气，是气动系统的动力源。

空压机的种类很多，按工作原理的不同可分为容积式和动力式两大类，在气压传动中，多采用容积式空压机。空压机按结构的不同可分为活塞式、叶片式、螺杆式、离心式、轴流式等。其中，活塞式空压机最为常用。

活塞式空压机的工作原理类似于容积式液压泵，如图 4-3 所示，通过曲柄滑块机构使活塞做往复运动，使气缸内容积的大小发生周期性的变化，从而实现对空气的吸入、压缩和排气的过程。

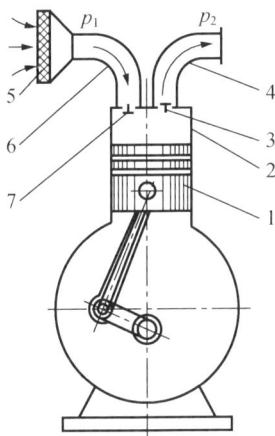

图 4-3　立式活塞式空压机工作原理

1—排气口　2—缸筒　3—排气阀门　4—排气管　5—吸气口　6—吸气管　7—进气阀门

选择空压机的主要依据是气动系统的工作压力和流量。选择工作压力时，考虑到延程压力损失，气源压力应比气动系统中工作装置所需的最高压力再增大 20% 左右，至于气动系统中工作压力较低的工作装置，则可采用减压阀减压供气。空压机的输出流量以整个气动系统所需的最大耗气量为依据进行选择，再考虑到泄漏量等影响后加上一定的余量即可。

4.2.2　气动辅助元件

气动辅助元件主要有冷却器、油水分离器、储气罐、干燥器、过滤器、油雾器、消声器和转换器等。由于空压机产生的压缩空气含有油污、水分和灰尘等杂质，必须经过降温、除油、干燥和过滤等一系列过程处理后才能供气动系统使用。

1. 冷却器

冷却器是将空压机排出的气体冷却并使水汽和油雾气冷凝成水滴和油滴，以便经除油器析出的一种装置。

由于压缩空气时，气体体积缩小，压强增大，温度随之升高，因此，空压机的排气温度一般可达 140～170℃。冷却器安装于空压机的排气口，用来冷却排出的高温压缩空气，并将其中的汽化水汽和油雾等成分冷凝成水滴和油滴析出。

冷却器有风冷式和水冷式两种,一般多采用水冷式。图 4-4 所示为蛇管式冷却器。热的压缩空气在冷水管外侧流动,通过管壁冷却。冷却水与热空气流动方向相反,已达到最佳的冷却效果。

2. 油水分离器

油水分离器用于分离压缩空气中凝结的油分和水分,使压缩空气得到初步净化。

油水分离器有撞击挡板式、环形回转式、离心旋转式和水浴式等。图 4-5 所示为撞击挡板式油水分离器。当压缩空气进入分离器后碰到挡板产生流向和速度的急剧变化,再依靠惯性作用,将密度比压缩空气大的油滴和水滴分离出来,沉降于底部,定期打开阀门排放。

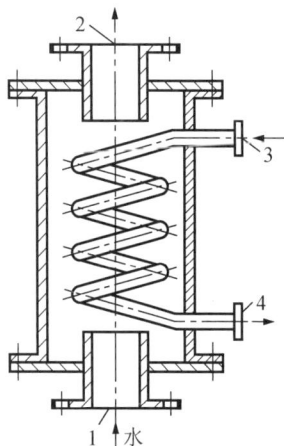

图 4-4　蛇管式冷却器

1—冷水入口　2—循环水出口　3—压缩空气入口
4—压缩空气出口

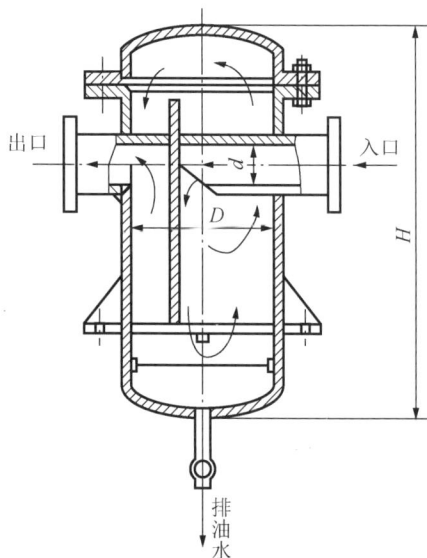

图 4-5　撞击挡板式油水分离器

3. 储气罐

储气罐用来储存空压机排出的脉动压缩空气,可以减小气源输出气流的压力脉动,保证输出气流的连续性和平稳性,进一步分离压缩空气中的水分和油分等杂质,并在空压机意外停机时避免气动系统立即停机。

储气罐一般采用圆筒状焊接结构,有立式和卧式两种结构,大多使用立式结构。如图 4-6 所示,立式储气罐的高度 H 为其内径 D 的 $2\sim3$ 倍,进气口在下,出气口在上,而且尽量使两者间距离远些,以利于分离油水杂质。在工业中,冷却器、油水分离器和储气罐三者一体的结构形式现在已有应用，这使得压缩空气站的设备空间更为紧凑。

储气罐一般要与其附件安全阀配合使用，调整其极限压力比正常工作压力高 10%。

4. 干燥器

经过冷却器、油水分离器和储气罐三者初步净化处理后的压缩空气已能够满足一般工业用气的要求，但对于一些精密机械和仪表等精度要求比较高的工业生产，还需进一步干燥和精过滤处理才能够使用。

目前使用的干燥器主要有吸附式、冷冻式和高效过滤器等种类。

图 4-7 所示为空气干燥器的结构，经饱和干燥状态、次干燥状态和干燥状态，实现对压缩空气进一步干燥和精过滤处理。

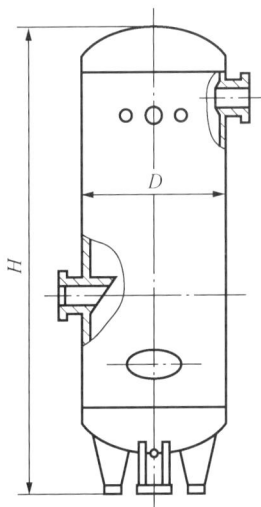

图 4-6　立式储气罐

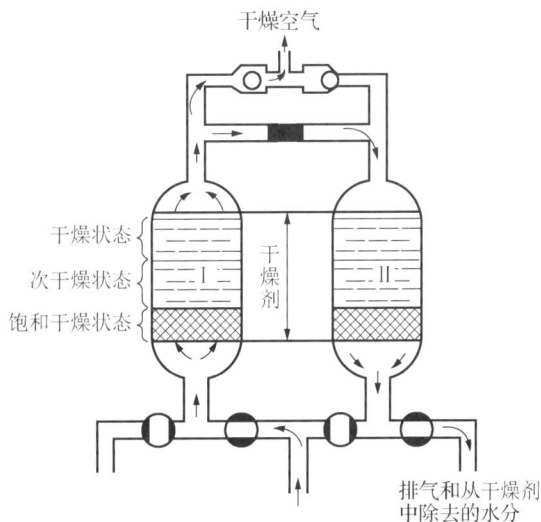

图 4-7　空气干燥器的结构

5. 过滤器

过滤器用于滤除压缩空气中的杂质微粒，同时，可清除经油水分离器后剩余下来的水分和油分，达到气压传动系统所要求的净化程度。

按照过滤效果不同，过滤器可分为一次过滤器（滤灰尘效率为 50%～70%）、二次过滤器（滤灰尘效率为 70%～99%）和高效过滤器（滤灰尘效率大于 99%）三种。

一次过滤器又称简易空气过滤器，由壳体和滤芯组成，滤芯材料多为纸质和金属。空气在进入空压机之前，必须先经过一次过滤器。

二次过滤器也称空气过滤器或分水滤气器，图 4-8 所示为其结构。压缩空气由输入口引入带动旋风叶子 1 高速旋转，其上开有许多成一定角度的缺口，迫使空气沿切线方向强烈旋转，从而使空气中的水分、油分等杂质因离心力的作用而被分离出来，沉降于沉水杯 3 的底部，然后空气通过中间的滤芯 2 得到再次过滤，最后经输出口输出。挡水板 4 的作用是防止水杯底部的污水被卷起，污水可通过定期打开手动排水阀排出。分水滤气器必须垂直安装，并将放水阀朝下。某些不便于手动操作的场合，可采用自动排水装置。

过滤器的选择由过滤度和额定流量而定。

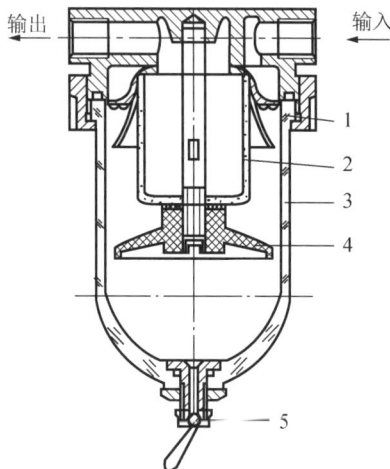

图 4-8　二次过滤器的结构

1—旋风叶子　2—滤芯　3—沉水杯　4—挡水板　5—手动排水阀

6. 油雾器

油雾器以压缩空气为动力把润滑油雾化以后注入气流中，并随气流进入需要润滑的部件，达到润滑的目的。

气动系统中的气动控制阀、气马达和气缸等元件大都需要润滑。油雾器是一种特殊的润滑装置，它可将润滑油雾化后混合于压缩空气中，并随其进入需要雾化的部位。这种润滑方法具有润滑均匀、稳定、耗油量少和不需要大的储油设备等优点。过滤器、减压阀和油雾器组合使用，统称为气动三联件。

图 4-9 所示为普通油雾器的结构。气动系统正常工作时，压缩空气经入口进入油雾器，大部分经出口输出，一小部分通过小孔进入截止阀，在钢球的上下表面形成压力差，和弹簧力相平衡，钢球处于阀座的中间位置，压缩空气经截止阀侧面的小孔进入储油杯的上腔，使油面压力增大，润滑油经吸油管向上顶开单向阀，继续向上再经可调节流阀流入视油器内，最后滴入喷嘴小孔中，被从入口到出口的主管道中通过的气流引射出来成雾状，随压缩空气输出。当气动系统不工作即没有压缩空气进入油雾器时，钢球在弹

簧力的作用下，向上压紧在截止阀的阀座上，封住加压通道，阀处于截止状态。

油雾器的选择主要根据气压传动系统所需额定流量及油雾粒径大小来进行。

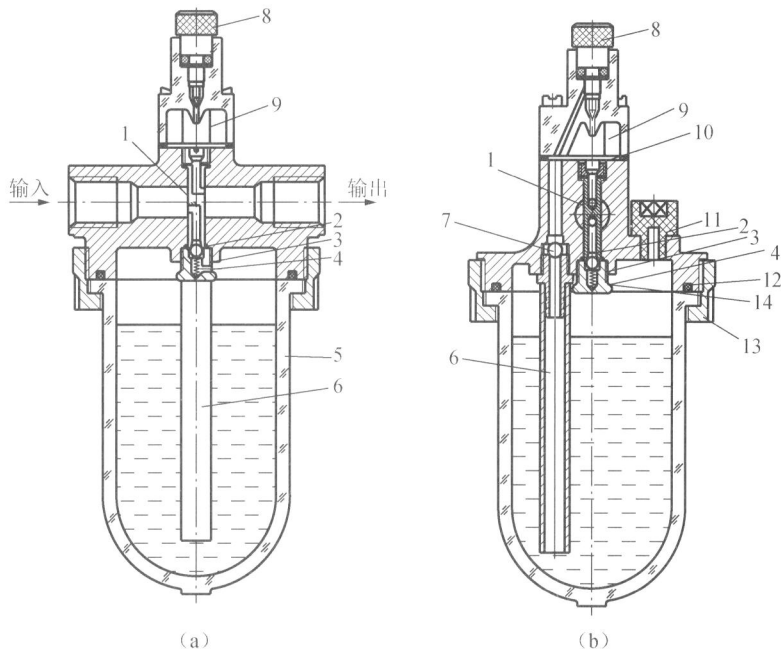

（a）　　　　　　　　　　　　（b）

图 4-9　普通油雾器的结构

1—喷嘴　2—钢球　3—弹簧　4—阀座　5—储油杯　6—吸油管　7—单向阀　8—节流阀
9—视油器　10—密封垫　11—油塞　12—密封圈　13—螺母　14—截止阀

7. 消声器

气动系统使用后的压缩空气一般直接排入大气中，排气时由于气体体积急剧膨胀而产生刺耳的噪声，为降低噪声，可在排气口安装消声器。常用的消声器按消声原理的不同，可分为吸收型消声器、膨胀干涉型消声器和膨胀干涉吸收型消声器三种。

消声器通过对气流的阻尼或增加排气面积等方法来降低排气速度和排气功率，从而达到降低噪声的目的。

8. 转换器

气动控制系统中经常综合应用到气、电、液三方面。例如，利用电产生、处理和输送电信号，利用气动进行控制，最后通过液力驱动等。转换器是实现气、电、液三者间信号相互转换的辅件。

常用的转换器形式有气电转换器、电气转换器、气液转换器等。

气电转换器是将压缩空气的气信号转换成电信号的装置，即用气信号（气体压力）

接通或断开电路的装置，如压力继电器。气电转换器按照工作压力的不同可分为低压型（0～0.1MPa）、中压型（0～0.6MPa）和高压型（>1.0MPa）。电气转换器是将电信号转换成气信号的装置，如电磁换向阀。气液转换器是将气压直接转换成液压的压力转换装置。

4.2.3 执行元件

气动执行元件用来将压缩空气的压力能转变为机械能，从而实现所需的直线运动、摆动和回转运动等。与液压系统相似，气动执行元件主要有气缸和气马达两大类。

1. 气缸

气缸是气动系统中常用的一种执行元件，用于往复直线运动，输出力和位移。气缸种类很多，总体上可以按如下方法分类：①按气缸活塞承受气体压力的状态可分为单作用气缸和双作用气缸；②按气缸的安装形式可分为固定式气缸、轴销式气缸、回转式气缸、嵌入式气缸；③按气缸的功能及用途可分为活塞式气缸、柱塞式气缸、薄膜式气缸、叶片式摆动气缸和齿轮齿条式摆动气缸等；④按照气缸的功能分为普通气缸和特殊功能气缸。

01 普通气缸

普通气缸有单作用气缸和双作用气缸。

（1）单作用气缸。单作用气缸只有一端进气，活塞单方向的直线运动由压缩气体驱动，活塞返回方向则依靠弹簧力或重力等其他外力实现。图 4-10 所示为单作用气缸的结构。

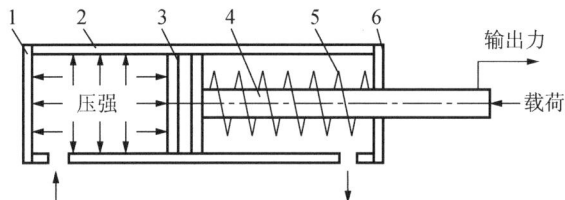

图 4-10　单作用气缸的结构

1，6—缸盖　2—缸体　3—活塞　4—活塞杆　5—弹簧

单作用气缸结构简单，耗气量小，但由于复位弹簧的弹力与其变形大小相关，所以活塞缸的推力和运动速度在其行程中是变化的，故只能用于短行程以及对活塞杆的推力和运动速度要求不高的场合，如定位和夹紧装置等。

（2）双作用气缸。双作用气缸两端都可进气，活塞两个方向的往复直线运动都由压缩空气驱动完成。图 4-11 所示为双作用气缸的结构，是应用最为广泛的一种气缸，由于活塞两侧的受压面积不等，因此，其往复运动的速度和输出力也不等。对于等直径双活塞杆气缸，由于活塞两侧的受压面积相等，所以得到相同的往复运动的速度和输出力。

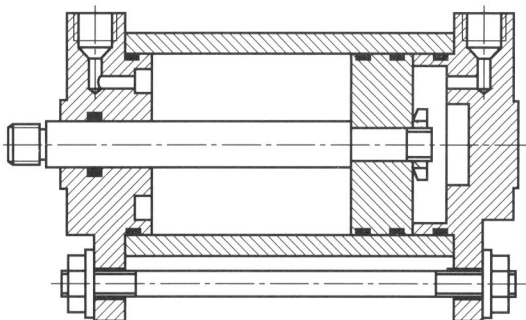

图 4-11 双作用气缸的结构

当气缸的活塞运动速度较高时（一般为 1m/s 左右），在行程的末端将会猛烈撞击气缸的前、后端盖，容易引起气缸的振动和损坏。在行程末端装上缓冲装置（图 4-12），可减轻或消除端部撞击。

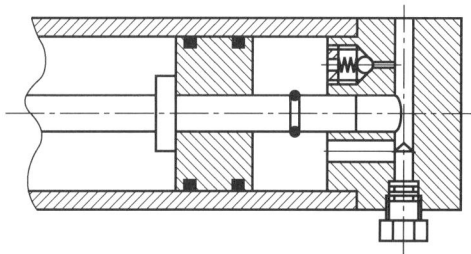

图 4-12 气缸缓冲装置

02 特殊功能气缸

常见的特殊功能气缸有气液阻尼缸、摆动气缸、冲击气缸、薄膜式气缸和气动手爪等。

（1）气液阻尼缸。气液阻尼缸由气缸和液压缸共同组成。它以压缩空气为能源，利用液压油的不可压缩性和对油液流量的控制，使活塞获得稳定的运动，并可调节活塞的运动速度。

如图 4-13 所示，气液阻尼缸有串联型和并联型两种形式。图 4-13（a）中，当压缩空气自气缸右端进入时，气缸活塞克服外负载向左移动，由于两活塞固定在同一个活塞杆上，因此，同时带动液压缸活塞向左移动。此时液压缸左腔排油，单向阀关闭，油液只能经节流阀缓缓流入液压缸右腔，对整个活塞的运动起阻尼作用。调节节流阀的开口度大小即可调节活塞运动速度。当气缸左端供气时，液压缸右腔排油，顶开单向阀，活塞能快速返回原位。

串联型气液阻尼缸的缸筒长，加工与装配的工艺要求高，且两缸间可能产生油气互串现象，而并联型气液阻尼缸则可以克服这些缺点。

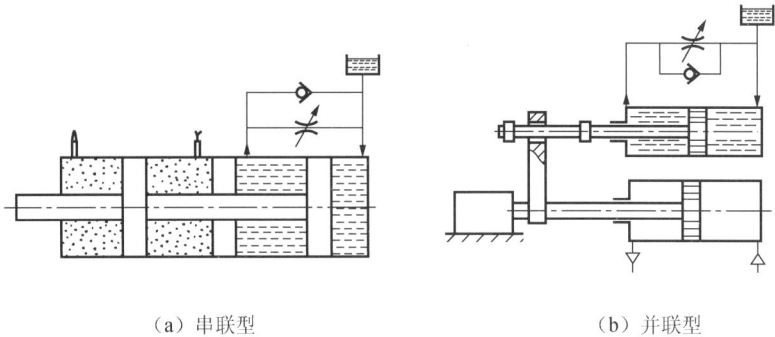

（a）串联型　　　　　　　　　　　　　（b）并联型

图 4-13　气液阻尼缸

（2）摆动气缸。摆动气缸输出的是转矩，可以实现有限角度的往复摆动运动。如图 4-14 所示，在定子上有两条气路，分别为进气口和排气口，当压缩气体进入时，推动叶片带动转子实现顺时针或逆时针摆动。摆动方向的改变可以通过换向阀工作位置的切换而实现。

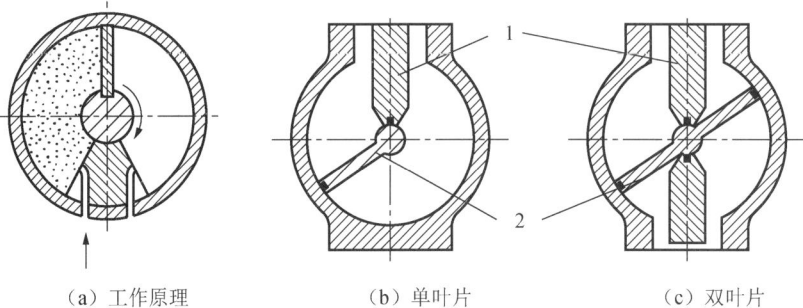

（a）工作原理　　　　　（b）单叶片　　　　　（c）双叶片

图 4-14　摆动气缸的结构

1—定子　2—叶片

（3）冲击气缸。冲击气缸是一种较新型的气动执行元件，与普通气缸相比，在结构上增加了一个具有一定容积的蓄能腔和喷嘴。如图 4-15 所示，具有一个带喷嘴和排气小孔的中盖，中盖和缸筒固定在一起，它和活塞把气缸分成三部分：蓄能腔、活塞腔和活塞杆腔。压缩空气进入蓄能腔中，通过喷嘴作用在活塞上，由于此时活塞上端气压作用面积为较小的喷嘴面积，而活塞下端作用面积较大（一般设计成喷嘴口面积的 9 倍），活塞杆腔的压力虽因排气而下降，此时活塞下端向上的作用力仍大于活塞上端向下的作用力。蓄能腔进一步充气，压力继续增大，活塞杆腔的压力继续降低，活塞上下端的压力差逐渐达到能够驱使活塞向下移动的值，活塞一旦离开喷嘴，蓄能腔中的高压气体突然通过喷嘴口作用在活塞上端的全面积上，使活塞在很大压差的条件下迅速加速，在很短的时间内获得很大的动能，在行程达到一定值时，获得最大冲击速度和能量，利用这个能量对工件进行冲击做功。目前，冲击气缸已广泛应用于锻造、冲压、下料机压坯等方面。

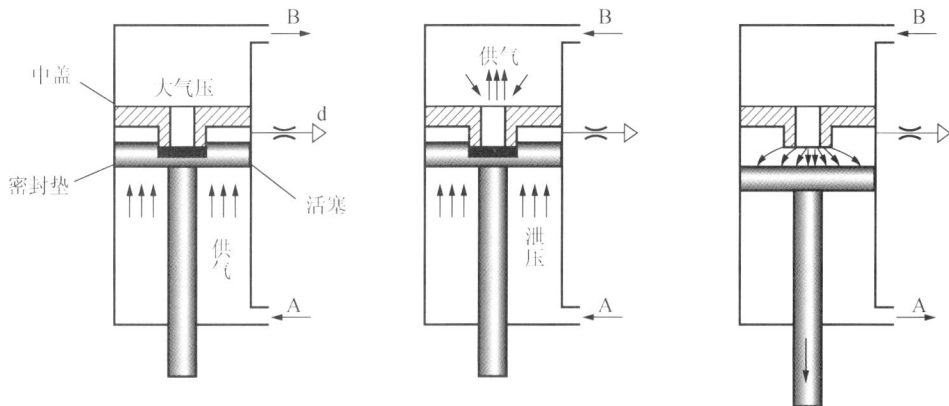

图 4-15　冲击气缸的工作原理

（4）薄膜式气缸。薄膜式气缸的结构如图 4-16 所示，由缸体、膜片、膜盘和活塞杆等主要零件组成，利用压缩空气通过膜片的变形推动活塞杆做往复直线运动。其功能类似于活塞式气缸，分单作用式和双作用式两种。薄膜式气缸的膜片可以做成盘形膜片和平膜片两种形式。

薄膜式气缸和活塞式气缸相比较，具有结构简单紧凑、制造容易、成本低、维修方便、使用寿命长、泄漏量小、效率高等优点。但由于膜片的变形量有限，故其行程短，一般为 40～50mm，而且气缸活塞杆上的输出力随着行程的加大而减小。它适用于气动夹具、自动调节阀及短行程场合。

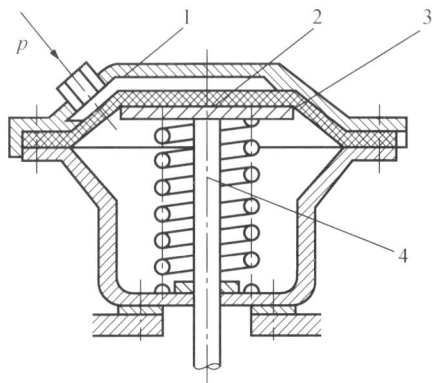

图 4-16　薄膜式气缸的结构

1—缸体　2—膜片　3—膜盘　4—活塞杆

（5）气动手爪。气动手爪又称手指气缸，是一种变形气缸，可以用来抓取物体，实现机械手的各种动作，是现代气动机械手的关键部件。在自动化系统中，气动手爪常用在搬运、传送工件机构中抓取、拾放物体。

气动手爪有平行开合手爪（图4-17）和肘节摆动开合手爪；有两爪、三爪和四爪等类型。其中两爪中又有平行开合和支点开闭式；驱动方式有直线式和旋转式。气动手爪一般通过气缸活塞产生的往复直线运动带动与手爪相连接的曲柄连杆、滚轮或齿轮等机构来驱动各个手爪同步开、闭运动。

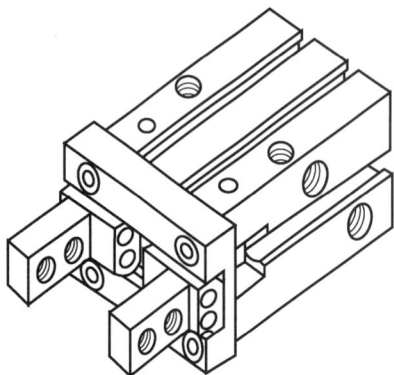

图4-17 平行开合气动手爪

2. 气马达

气马达的作用是将压缩空气的压力能转换为机械能。作用相当于电动机或液压马达，输出力矩，驱动机构做旋转运动。气马达按照结构形式的不同可分为叶片式、活塞式和薄膜式等，最为常见的是叶片式和活塞式气马达。

01 叶片式气马达

叶片式气马达的工作原理：如图4-18和图4-19所示，压缩空气由A孔输入时分为两路，一路经定子两端密封盖的槽进入叶片底部（图4-18中未标示），将叶片推出，叶片就是靠此气压推力及转子转动后离心力的综合作用而紧密地贴紧在定子内壁上的。压缩空气另一路经小孔进入相应的密封工作空间而作用在两个叶片上，由于两叶片伸出长度不等，产生了转矩差，使叶片与转子按逆时针方向旋转；做功后的气体由定子上的孔C排出，剩余残气经孔B排出。若改变压缩空气输入方向（即压缩空气自B孔进入，A孔和C孔排出），则可改变转子的转向。

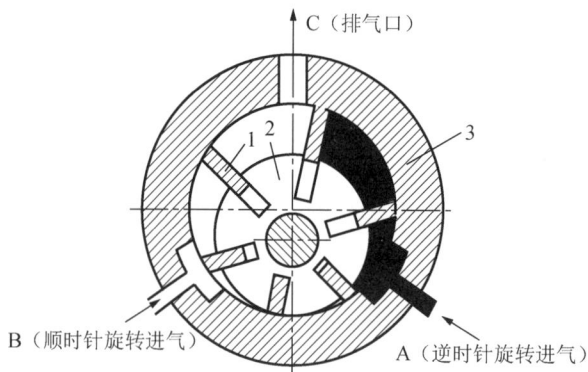

图4-18 双向叶片式气马达的结构

1—叶片 2—转子 3—定子

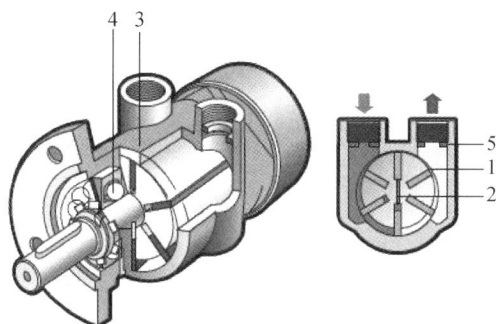

图 4-19　叶片式气马达的工作原理

1—叶片　2—转子　3—定子　4—小孔　5—气腔

02 活塞式气马达

图 4-20 所示是径向活塞式气马达的工作原理。压缩空气经进气口进入分配阀（又称配气阀）后再进入气缸，推动活塞及连杆组件运动，再使曲轴旋转。在曲轴旋转的同时，带动固定在曲轴上的分配阀同步转动，使压缩空气随着分配阀角度位置的改变而进入不同的缸内，依次推动各个活塞运动，并由各活塞及连杆带动曲轴连续运转，与此同时，与进气缸相对应的气缸则处于排气状态。

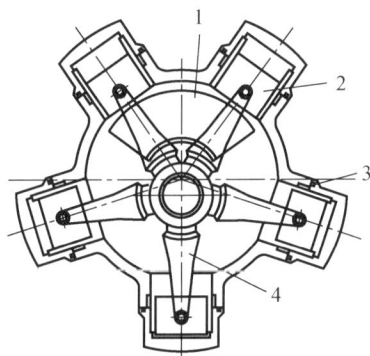

图 4-20　径向活塞式气马达的工作原理

1—马达轴心　2—活塞　3—缸套　4—连杆

活塞式气马达在低速情况下有较大的输出功率，它的低速性能好，适宜于载荷较大和要求转矩低的机械，如起重机、绞车、绞盘、拉管机等。

4.2.4　气动控制元件

气动控制元件是控制和调节压缩空气的压力、流量、流动方向和发送信号的重要元件，包括方向控制阀、流量控制阀、压力控制阀三大类。

1. 方向控制阀

方向控制阀是气动系统中最常用的一种元件，用以改变气体的流动方向或通断，从而控制执行元件的启动、停止及运动方向。按阀内气体的流动方向分类，方向控制阀可分为单向型控制阀和换向型控制阀两大类。

01 单向型控制阀

单向型控制阀只允许气流向一个方向流动，包括单向阀、或门型梭阀、与门型双压阀、快速排气阀等。单向阀的工作原理、结构和图形符号与液压阀类似，这里就不再赘述。

（1）或门型梭阀。作用相当于逻辑"或门"的逻辑功能，其结构相当于两个单向阀的组合，无论 P_1 口输入还是 P_2 口输入，A 口总有输出。当压缩空气从 P_1 口进入时，阀芯被推向右边，将 P_2 口关闭，气流从 A 口流出；反之，当压缩空气从 P_2 口进入时，阀芯左移将 P_1 口关闭，气流从 P_2 口流至 A 口；若 P_1、P_2 两个口均有输入，则信号强者将关闭信号弱者的阀口，A 口仍然有气信号输出并与较强一端压力相同。

梭阀的结构如图 4-21 所示，工作原理如图 4-22（a）、（b）所示，图形符号如图 4-22（c）所示。

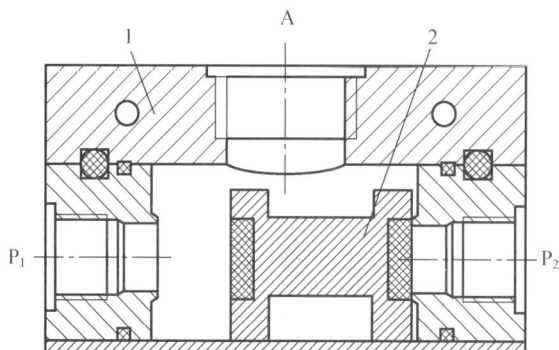

图 4-21 梭阀的结构

1—阀体 2—阀芯

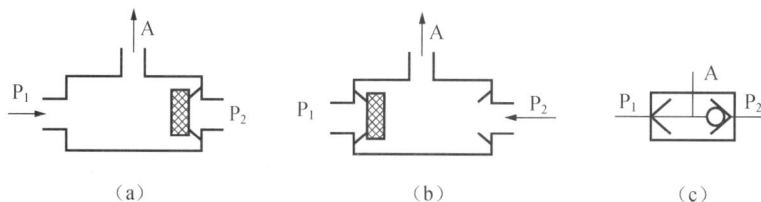

图 4-22 梭阀的工作原理及图形符号

（2）与门型双压阀。作用相当于逻辑"与门"的逻辑功能，当两个入口 P_1 或 P_2 单独供气时，阀芯被推向左端或右端，通入气流的一侧流向 A 口的通路被关闭，A 口无输出；当两个入口 P_1 和 P_2 同时都有输入气流时，设 P_1 口压力高，则阀芯被推向右端，将 P_1 口至 A 口的通路切断，从 P_2 口流入的压缩空气经 A 口输出。可见，只有等两个输入口均有输入时才会有输出。

双压阀的结构如图 4-23 所示，工作原理如图 4-24（a）～（c）所示，图形符号如图 4-24（d）所示。

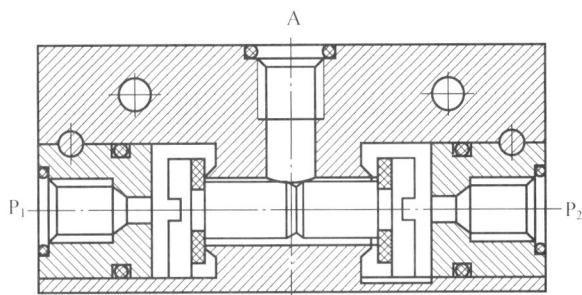

图 4-23　双压阀的结构

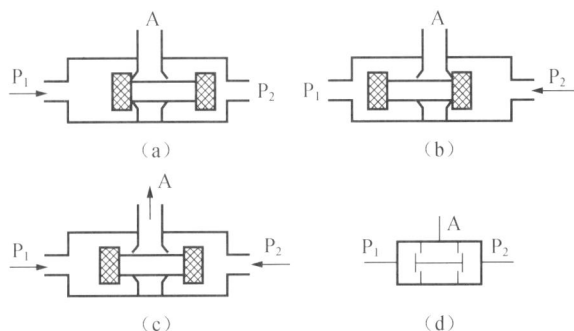

（a）　　　　　　　　　　（b）

（c）　　　　　　　　　　（d）

图 4-24　双压阀的工作原理及图形符号

（3）快速排气阀。快速排气阀（简称快排阀）用于将气动元件和管路中的气体快速排掉，加快气缸排气腔排气，以提高气缸运动速度。其结构如图 4-25 所示。

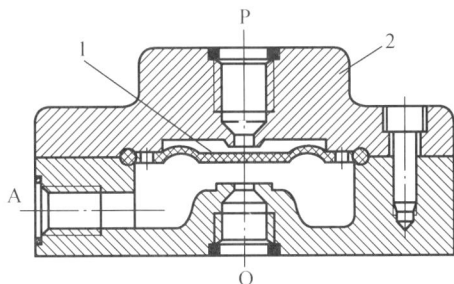

图 4-25　快速排气阀的结构

1—膜片　2—阀体

快速排气阀的工作原理如图4-26（a）、（b）所示，当P口有压缩空气输入时，顶起膜片，封住O口，气流流至A口输出；当P口无压缩空气输入时，在A口和P口的压差作用下，膜片被压下，封住P口，气流由A口直接流至O口，排气量大，排气速度迅速。

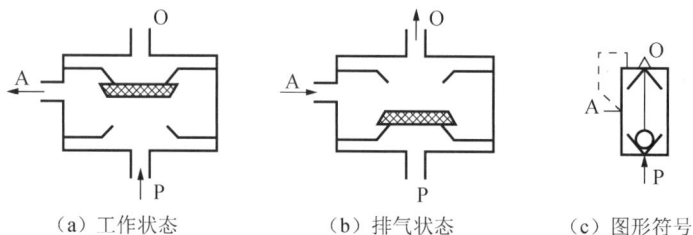

（a）工作状态　　　　　（b）排气状态　　　　　（c）图形符号

图 4-26　快速排气阀的工作原理及图形符号

02 换向型控制阀

换向型控制阀（简称换向阀）通过改变气体通路使气流方向发生改变，从而改变执行元件的运动方向。

换向阀在气动控制回路中被广泛应用，其作用在气动系统中是不可缺少的。与液压换向阀类似，气动换向阀按切换位置和管路接口的数目也可分为二位、三位和四位等，以及二通、三通、五通等。换向阀按工作状态切换的控制方式不同，可分为气压控制、电磁控制、机械控制、人力控制和时间控制等，如表4-1所示。气动换向阀的结构、工作原理和图形符号与液压换向阀类似。

表 4-1　换向阀工作状态切换的控制方式

分类	具体方式	
气压控制	直动式	先导式
电磁控制	单电控	双电控
	先导式双电控，带手动	

分类	具体方式	
机械控制	控制轴	滚轮杠杆式
	单向滚轮式	弹簧复位
人力控制	一般手动操作	按钮式
	手柄式、带定位	脚踏式

（1）气压控制换向阀。气压控制换向阀是利用气体压力推动阀芯运动实现工作位置的切换的。阀芯工作过程中是利用空气压力与弹簧力的平衡进行控制的。

图 4-27 所示为单气控加压截止式换向阀的工作原理及图形符号。图 4-27（a）是无气控信号的状态，此时，阀芯在弹簧的作用下处于上端位置，此时 A 口与 O 口相通；图 4-27（b）是有气控信号时的状态，由于气压力的作用，阀芯被压缩空气压下，弹簧被压缩，A 口与 O 口断开，P 口与 A 口接通。

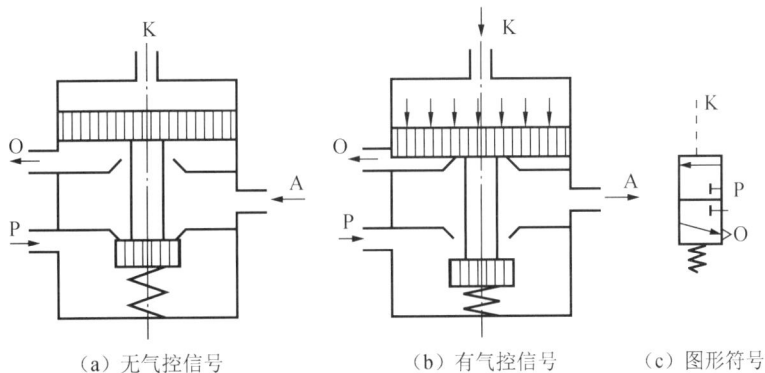

（a）无气控信号　　　　（b）有气控信号　　　（c）图形符号

图 4-27　单气控加压截止式换向阀的工作原理及图形符号

若将弹簧换成气压控制，则阀芯两侧均为气压控制，原理与上述单气控换向阀的气控端相同。

（2）电磁控制换向阀。电磁控制换向阀是利用电磁铁得电，对衔铁产生吸力，电磁铁的衔铁直接推动阀芯实现换向的。图 4-28 所示为双控电磁换向阀的工作原理及图形符号。在图 4-28（a）中，电磁铁 1 通电，阀芯右移，此时换向阀在左位工作，A 口有输出，B 口排气；在图 4-28（b）中，当电磁铁 2 通电时，电磁铁 1 失电，阀芯左移，换向阀在右位工作，B 口有输出，A 口排气。若电磁铁 2 断电，换向阀阀芯工作位置不变，即具有记忆功能。

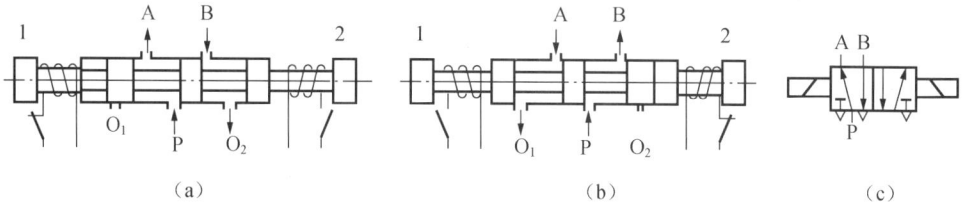

(a)　　　　　　　　　　(b)　　　　　　　　　　(c)

图 4-28　双控电磁换向阀的工作原理及图形符号

1，2—电磁铁

（3）机械控制换向阀。机械控制换向阀是利用执行机构或其他机构的运动部件，借助于凸轮、滚轮、杠杆等外力推动阀芯实现换向的。如图 4-29 所示，当执行机构运动时，滚轮被压下，阀芯移动压缩弹簧实现工作位置的切换。此时，P 口与 A 口相通，R 口关闭；当执行机构移开时，阀芯被弹簧弹起，换向阀复位。

（4）人力控制换向阀。人力控制换向阀与其他控制方式相比较，使用频率较低，动作速度较慢。因操作力不大，故阀的通径小，操作灵活，可按人的意志随时改变控制对象的状态，可实现远距离控制。阀的主体部分与气压控制阀类似，按其操纵方式可分为手动阀和脚踏阀两类。人力控制换向阀的结构及表示方法如图 4-30 所示。

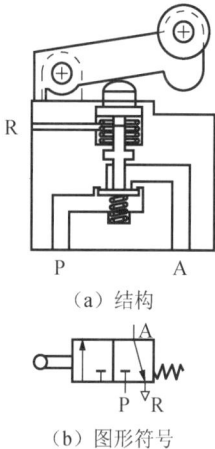

（a）结构

（b）图形符号

图 4-29　机械控制换向阀的结构及图形符号

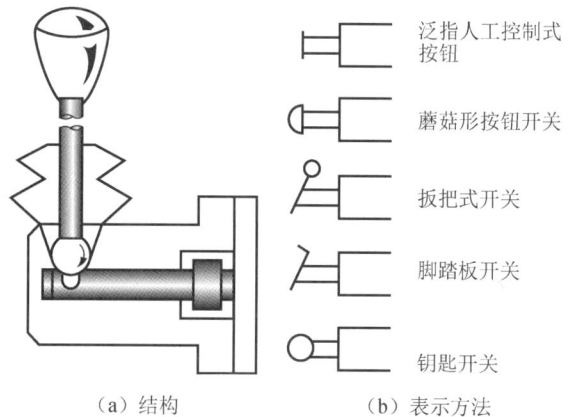

泛指人工控制式按钮

蘑菇形按钮开关

扳把式开关

脚踏板开关

钥匙开关

（a）结构　　　　（b）表示方法

图 4-30　人力控制换向阀的结构及表示方法

（5）时间控制换向阀。时间控制换向阀使气流通过气阻（如小孔、缝隙等）节流后到气容（储气空间）中，经过一定时间在气容内建立起一定的压力后，再使阀芯动作的换向阀。其结构及图形符号如图 4-31 所示。

当无气控信号时，P 口与 A 口断开，a 腔排气。当有气控信号时，从 x 腔输入，经过可调节流阀 3 进入气容 2 内，气容内的气压力逐渐升高，直到推动阀芯右移，使 P 与 A 接通，此时 A 口有输出。当气控信号消失后，气容内的气体经单向阀从 x 口迅速排出。

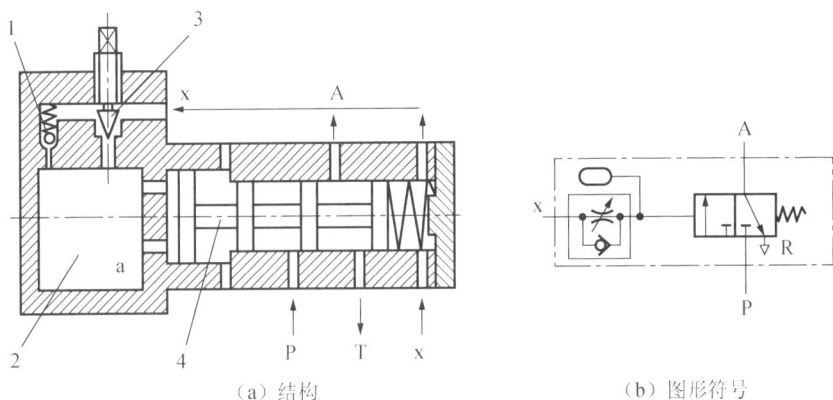

（a）结构　　　　　　　　　　　　（b）图形符号

图 4-31 时间控制换向阀的结构及图形符号

1—单向阀　2—气容　3—节流阀　4—阀芯

2. 流量控制阀

在气压传动系统中，执行元件的速度通常是通过改变流量控制阀的通流面积来实现的。流量控制阀包括节流阀、单向节流阀、排气节流阀等。由于气的可压缩性，气动流量控制阀的控制精度较低，为提高精度和运动平稳性，可采用气液联动的方式。

01 节流阀

节流阀将空气的流通截面缩小以增加气体的流通阻力，从而减少气体的流量。

图 4-32（a）是节流阀的结构原理图，当压力气体从 P 口输入时，气流通过节流通道自 A 口输出。旋转阀芯螺杆，就可改变节流口的开度，从而改变阀的通流面积。

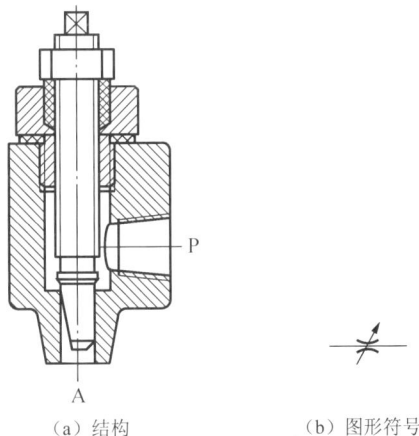

（a）结构　　　　　　　　　　　　（b）图形符号

图 4-32 节流阀的结构及图形符号

02 单向节流阀

单向节流阀是由单向阀和节流阀组合而成的，常用于控制气缸的运动速度，也称为速度控制阀。

如图 4-33 所示，当气流正向流通时（P 口到 A 口），单向阀关闭，流量由节流阀控制；反向流通时（A 口到 O 口），在气压作用下单向阀被打开，无节流作用。若用单向节流阀控制气缸的运动速度，安装时该阀应尽量靠近气缸。

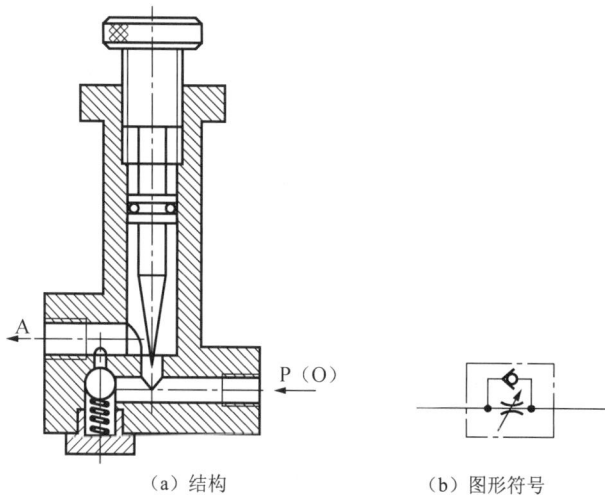

(a) 结构　　　　　　　　　(b) 图形符号

图 4-33　单向节流阀的结构及图形符号

利用单向节流阀控制气缸的速度方式有进气节流和排气节流两种方式。进气节流控制进入气缸的流量以调节活塞的运动速度，其速度稳定性差；排气节流控制气缸排气量的大小，而进气是满流的。这种控制方式能为气缸提供背压来限制速度，故速度稳定性较好。

03 排气节流阀

排气节流阀安装在排气口上，控制排气流量以改变执行元件的运动速度，排气节流阀常带有消声器以减小排气噪声，并能防止不清洁的气体通过排气孔污染气路中的元件。其结构及图形符号如图 4-34 所示。

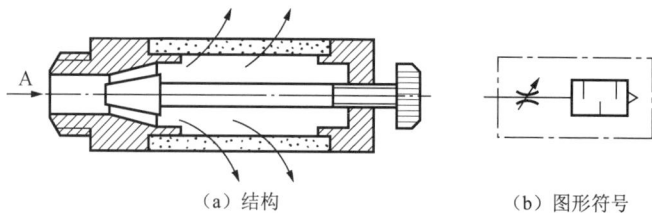

(a) 结构　　　　　　　　　(b) 图形符号

图 4-34　排气节流阀的结构及图形符号

排气节流阀宜用于在换向阀与气缸之间不能安装速度控制阀的场合。在回路中，排气节流阀会产生一定的背压，对有些结构形式的换向阀而言，背压对换向的灵敏性会有影响。

3. 压力控制阀

压力控制阀的功能是控制系统中压缩空气的压力，以满足系统对不同压力的需要。压力控制阀是利用阀芯上空气压力和弹簧力相平衡的原理来工作的。压力控制阀按功能可分为减压阀（调压阀）、溢流阀（安全阀）、顺序阀等。

01 减压阀

减压阀可将较高的气压降低并保持调后的压力稳定。减压阀是气动系统中必不可少的一种调压元件。

一般气源压力都高于每台设备所需的压力，而且许多情况下是多台设备共用同一个气源。利用减压阀可以将气源压力降低到每台设备所需要的工作压力，并保持出口压力稳定。与液压减压阀一样，都是以阀的出口压力作为控制信号的。减压阀按调压方式不同可分为直动式和先导式。

图 4-35 所示为常用的直动式减压阀结构。此阀利用手柄直接调节调压弹簧来改变阀的输出压力。

顺时针旋转手柄，则压缩调压弹簧，推动膜片下移，膜片又推动阀芯下移，阀口被打开，气流通过阀口后压力降低；同时，部分输出气流经反馈导管进入膜片气室，在膜片上产生一个向上的推力，当此推力与弹簧力相平衡时，输出压力便稳定在一定值。

若输入压力发生波动，如压力 p_1 瞬时升高，则输出压力 p_2 也随之升高，作用在膜片上的推力增大，膜片上移，向上压缩弹簧，从溢流口有瞬时溢流，并靠复位弹簧及气压力的作用，使阀杆上移，阀门开度减小，节流作用增大，使输出压力 p_2 回降，直到新的平衡为止。重新平衡后的输出压力又基本上恢复至原值。反之，若输入压力瞬时下降，则输出压力也相应下降，膜片下移，阀门开度增大，节流作用减小，输出压力又基本回升至原值。

如输入压力不变，输出流量变化使输出压力发生波动（增高或降低）时，依靠溢流口的溢流作用和膜片上力的平衡作用推动阀杆，仍能起稳压作用。

逆时针旋转手柄时，压缩弹簧力不断减小，膜片气室中的压缩空气经溢流口不断从排气孔 a 排出，进气阀芯逐渐关闭，直至最后输出压力降为零。

先导式减压阀是使用预先调节好压力的空气来代替直动式调压弹簧进行调压的，其调节原理和主阀部分的结构与直动式减压阀相同。先导式减压阀的调压空气一般是由小型的直动式减压阀供给的。若将这种直动式减压阀装在主阀内部，则称为内部先导式减压阀；若将其装在主阀外部，则称为外部先导式或远程控制减压阀。

减压阀的结构直接影响其稳定性。对直动式减压阀而言，弹簧刚度小、膜片直径大，阀芯上密封圈摩擦力越小的稳定精度越好。但这些结构尺寸又受到调压范围和额定流量的限制，故应综合选取最佳值。

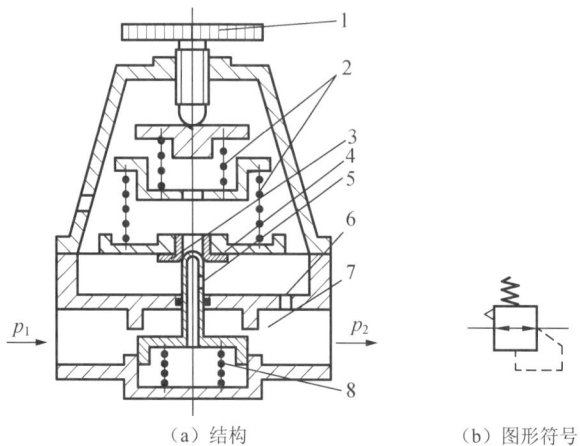

（a）结构　　　　　　　　（b）图形符号

图 4-35　直动式减压阀的结构及图形符号

1—手柄　2—调压弹簧　3—溢流口　4—膜片　5—阀芯　6—反馈导管　7—阀口　8—复位弹簧

02　溢流阀

溢流阀又称安全阀，当气动回路中或储气罐的压力超过一定值时，能自动向外排气，降低系统压力，保证系统安全，并以保持进口压力为调定值。溢流阀在系统中起安全保护作用。

当系统中气体压力在调定范围内时，作用在活塞上的压力小于弹簧力，活塞处于关闭状态，如图 4-36（a）所示；当系统压力升高，作用在活塞上的压力大于弹簧预定压力时，活塞向上移动，阀门开启排气，如图 4-36（b）所示。直到系统压力降到调定范围以下，活塞又重新关闭。开启压力的大小与弹簧的预压量有关。

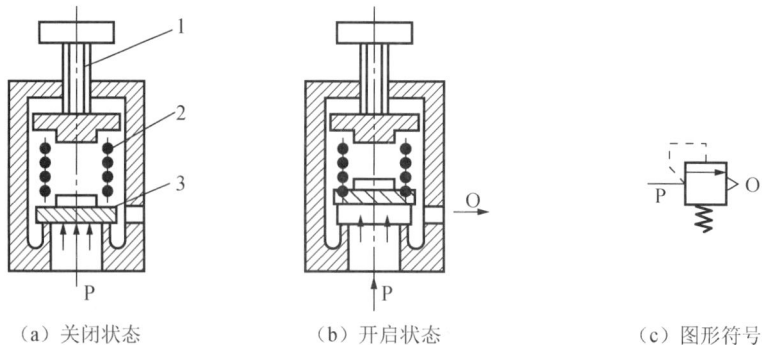

（a）关闭状态　　　　　（b）开启状态　　　　　（c）图形符号

图 4-36　溢流阀的工作原理及图形符号

1—调节旋钮　2—弹簧　3—阀芯

03 顺序阀

顺序阀是靠回路中的压力变化来控制气缸先后顺序动作的一种压力控制阀，若将顺序阀与单向阀并联组成一体，则称为单向顺序阀。

如图 4-37（a）所示，压缩空气从 P 口进入阀后，作用在阀芯下面的环形活塞面上，当此作用力低于调压弹簧的作用力时，阀关闭。如图 4-37（b）所示，当空气压力超过调定压力值即将阀芯顶起，气压立即作用于阀芯的全部面积上，使阀达到全开状态，压缩空气便从 A 口输出。当 P 口的压力低于调定压力时，阀再次关闭。

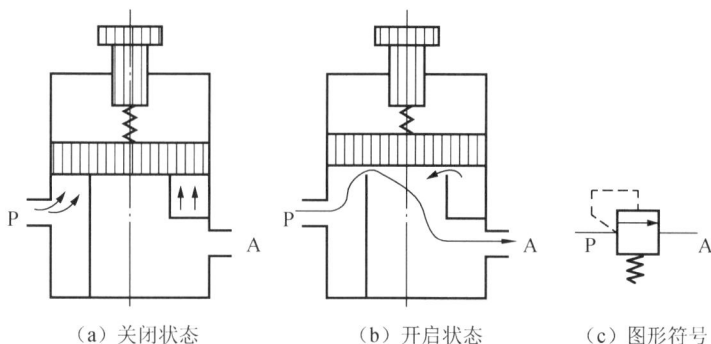

（a）关闭状态　　　（b）开启状态　　　（c）图形符号

图 4-37　顺序阀的工作原理及图形符号

图 4-38 所示为单向顺序阀的工作原理及图形符号。图 4-38（a）所示为气体正向流动时，进口 P 的空气压力作用在活塞上，当其超过压缩弹簧的预紧力时，活塞被顶起，出口 A 就有输出；单向阀在压差力和弹簧力作用下处于关闭状态。图 4-38（b）所示为气体反向流动时，进口变成排气口，出口压力将点开单向阀，使 A 口和排气口接通。

调节旋钮就可以改变单向顺序阀的开启压力，以便在不同的开启压力下控制执行元件的顺序动作。

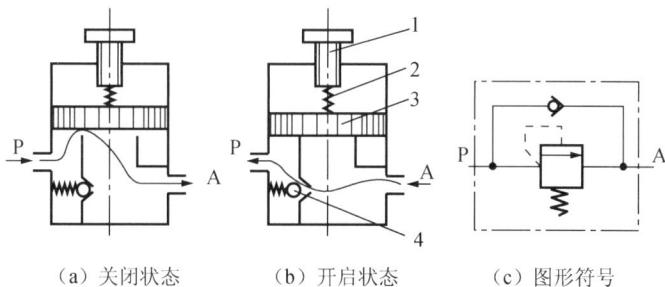

（a）关闭状态　　　（b）开启状态　　　（c）图形符号

图 4-38　单向顺序阀的工作原理及图形符号

1—调节手柄　2—弹簧　3—活塞　4—单向阀

思 考 题

1．气压传动系统由哪几部分组成？各部分的作用是什么？
2．写出理想气体状态方程，并写出理想气体在一定条件下的五种情况。
3．简述空气压缩机的工作原理。
4．气动辅助元件有哪些？叙述气源装置的组成及各部件的作用。
5．简述气缸的分类及气缸的工作原理，以及冲击气缸的工作原理。
6．气动控制阀有哪些类型？方向控制阀按照驱动方式的不同分为哪几类？
7．压力控制阀有哪几种？简述减压阀的工作原理。
8．单向顺序阀是否可以反向流通？若是，则简述其工作原理。
9．什么是气动三联件？各有什么作用？三者的安装顺序如何？
10． 逻辑阀有哪些？简述其工作原理。

5
单元

气动系统的安装与调试

>>>>

◎ **单元导读**

本单元共安排 10 个实训，通过实践，需要达成如下目标：

1. 能根据实训要求选择气动元件，会分析元件在回路中的功能，掌握选用依据。

2. 能够绘制气动控制系统原理图并分析原理。

3. 根据控制原理图正确安装回路，并能调试成功。

4. 使用测试仪器对系统进行压力测试，并能分析其特性。

5. 能进行控制系统的设计。

5.1 工件分配装置气动控制系统的安装与调试

◎ 学习重点

1. 气动基础元件的接线方法与调试。
2. 气动三联件的原理。
3. 单作用气缸的控制。

1. 实训要求

按下按钮，气缸伸出将工件推出；松开按钮后，分配装置气缸收回，等待下一次工作。要求如下：

（1）设计工件分配装置（图5-1）的气动控制系统并确定元件选型。

（2）完成系统回路安装并调试。

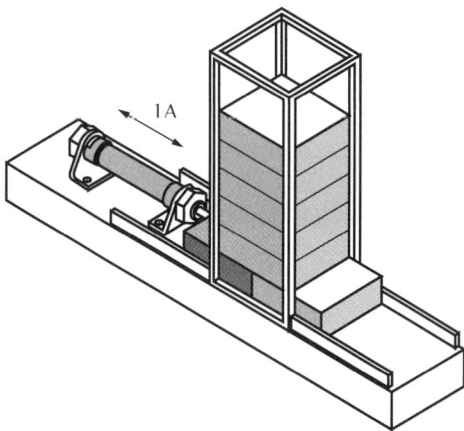

图 5-1 工件分配装置

2. 实训元器件

本实训所需元器件见表5-1。

表5-1 实训所需元器件

序号	编号	数量	名称
1	0Z1	1	过滤、调压组件（二联件）
2	0Z2	1	分气块
3	1A	1	单作用气缸
4	1S	1	二位三通手动换向阀

3. 参考方案

本实训气动系统参考方案见图 5-2。

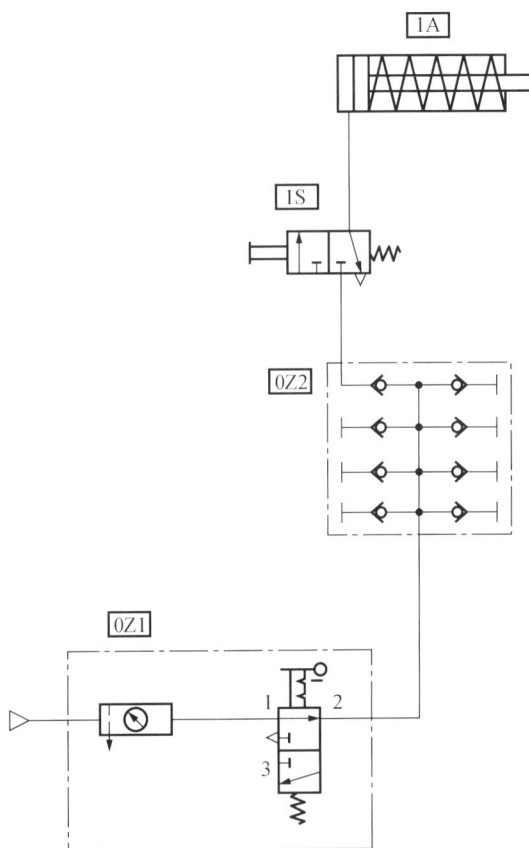

图 5-2　工件分配装置气动控制系统原理

4. 调试说明

　　气缸和阀的初始位置可以从回路图中确定。气缸的内部弹簧将活塞杆固定在缩回位置。按下二位三通手动换向阀，压缩空气进入气缸的活塞杆腔，气缸活塞杆前进，将工件推入料仓中。如果二位三通手动换向阀持续按下，活塞杆保持在前进的末端位置。

　　松开按钮后，压缩空气从二位三通手动换向阀排出，活塞杆凭借弹簧所施加的力回到缩回的末端位置，工件凭借重力自行下落。按下按钮，将重复工作循环。

　　如果轻轻按下二位三通手动换向阀，活塞杆只前进一个很短行程，随后返回。

5.2 光学仪器提升装置气动控制系统的安装与调试

◎ **学习重点**

1. 单作用气缸两个方向不同速度控制的方法。
2. 初始状态常通和常断换向阀的功能。

1. 实训要求

如图 5-3 所示，将传送带运送过来的产品推到 X 光学仪器上进行检验。按下按钮后，右侧物框快速下降以便接收从传送带运送过来的需要检验的产品。松开按钮后，活塞杆上升到图示位置，对产品进行检验。气缸前进的速度缓慢，伸出时间 $t=0.9$s。装置运动过程中要观察压力的变化。要求如下：

（1）选择气动控制系统所需的元件。

（2）比较常通与常断换向阀对回路的控制。

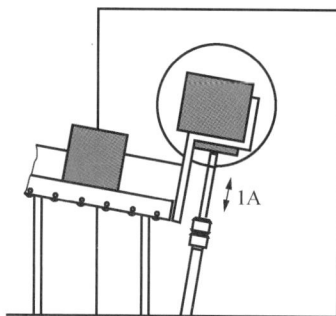

图 5-3　光学仪器提升装置

2. 实训元器件

本实训所需元器件见表 5-2。

表 5-2　实训所需元器件

序号	编号	数量	名称
1	0Z1	1	过滤、调压组件（二联件）
2	0Z2	1	分气块
3	1A	1	单作用气缸
4	1S	1	二位三通手动按钮换向阀（常通）
5	1V1	1	单向节流阀
6	1V2	1	快速排气阀
7	1Z1、1Z2	2	压力表

3. 参考方案

本实训气动系统参考方案见图 5-4。

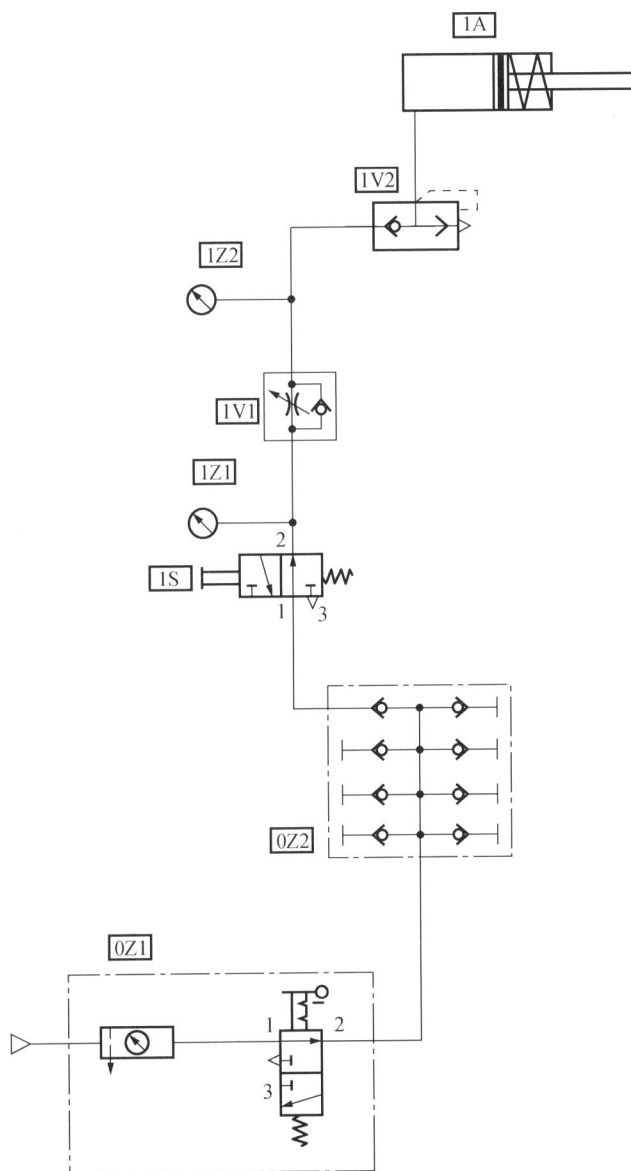

图 5-4　光学仪器提升装置气动控制原理

4. 调试说明

在一般位置时，单作用气缸 1A 的活塞杆凭借弹簧力的作用缩回到末端位置。如

图 5-4 所示，在初始位置，单作用气缸为伸出状态。活塞腔室内由于二位三通手动按钮换向阀 1S 的作用而受压，保持常开状态。

当按下二位三通手动按钮换向阀时，单作用气缸 1A 内的空气通过快速排气阀 1V2 迅速排出。气缸快速缩回。如果二位三通手动按钮换向阀保持在按下的工作位置上，则活塞保持在缩回的末端位置。如果松开按钮，活塞杆前进。通过单向节流阀 1V1 设定前进时间 $t=0.9s$。

如果轻轻按下按钮，气缸只缩回一部分。

5.3 位置转移装置气动控制系统的安装与调试

◎ **学习重点**

1. 双作用气缸的控制。
2. 单向节流阀的调速作用及安装方法。

1. 实训要求

如图 5-5 所示，经过传送带运送过来的冷却后的煤块，需根据不同的厚度分别传送到高低不同的传送带上。支杆的下端由一个气缸驱动，其位置的调整由气动回路控制。气缸前进的时间 $t_1=3s$，收回的时间 $t_2=2s$。初始位置气缸为收回状态。要求如下：

（1）设计位置转移装置的气动控制系统并确定元件选型。

（2）比较单向节流阀的安装方向的区别。

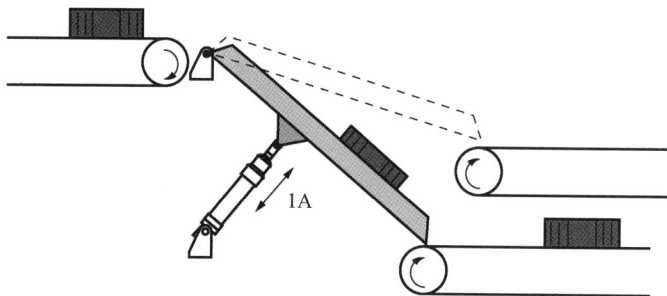

图 5-5　位置转移装置

2. 实训元器件

本实训所需元器件见表 5-3。

表 5-3　实训所需元器件

序号	编号	数量	名称
1	0Z1	1	过滤、调压组件（二联件）
2	0Z2	1	分气块
3	1A	1	双作用气缸
4	1S	1	二位五通旋钮换向阀
5	1Z1、1Z2	2	压力表
6	1V1、1V2	2	单向节流阀
7	—	3	气管

3. 参考方案

本实训气动系统参考方案见图 5-6。

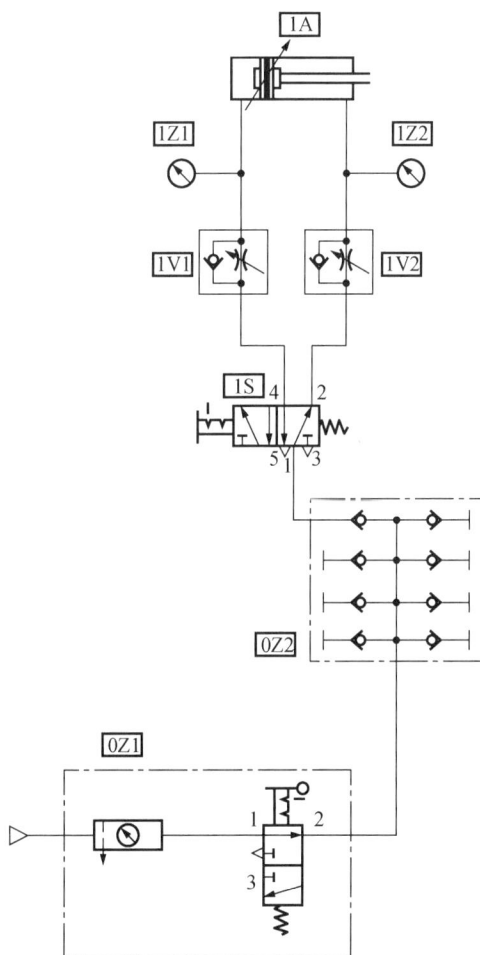

图 5-6　位置转移装置气动控制系统原理

4. 调试说明

在初始状态，气缸活塞杆腔通过二位五通旋钮换向阀 1S 的右位而受压，气缸收回到末端位置。此时压力表 1Z2 表示工作压力。当旋转二位五通旋钮换向阀的旋钮后，气缸慢慢前进直到末端位置。前进速度由单向节流阀 1V2 确定，要保证任务要求，气缸前进的时间 t_1=3s。当相反方向旋动旋钮时，气缸收回，回程速度由单向节流阀 1V1 调整，直至到达收回的末端位置。

转换两个单向节流阀的安装方向，观察气缸的运动速度及节流阀的控制对象。

5.4 折边机控制系统的安装与调试

◎ 学习重点

1. 气动逻辑阀的安装、调试及操作。
2. 气缸运动速度的控制方法。
3. 二位五通单气控换向阀的功能。

1. 实训要求

如图 5-7 所示，折边机是对薄壁工件进行折边加工的机器，为了确保生产加工中的安全性，对工件进行加工的过程需要两个相同的阀控制，当两个阀同时按下时，伸出的气缸对工件进行折边，如果松开两个按钮，气缸慢慢回到初始位置，要求气缸向下伸出的速度快且压力可以显示。

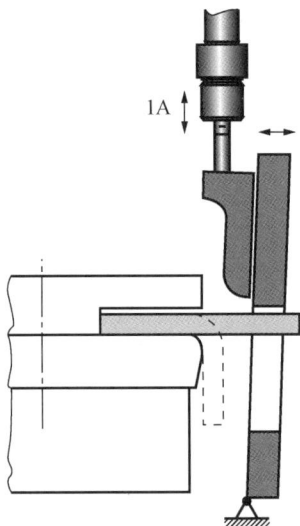

图 5-7　折边机

2. 实训元器件

本实训所需元器件见表 5-4。

表 5-4 实训所需元器件

序号	编号	数量	名称
1	0Z1	1	过滤、调压组件（二联件）
2	0Z2	1	分气块
3	1A	1	双作用气缸
4	1S1、1S2	2	二位三通按钮换向阀
5	1Z1、1Z2	2	压力表
6	1V1	1	双压阀
7	1V2	1	二位五通单气控换向阀
8	1V3	1	单向节流阀
9	1V4	1	快速排气阀

3. 参考方案

本实训气动系统参考方案见图 5-8。

4. 调试说明

当两个二位三通按钮换向阀（1S1、1S2）同时被压下时，压缩空气将到达双压阀 1V1 的输出口，使二位五通单气控换向阀 1V2 切换工作位置，气缸 1A 的活塞腔将通过单向节流阀 1V3 充入气体。气缸前进到达末端位置。当松升两个二位三通按钮换向阀时，活塞杆腔的气体通过快速排气阀 1V4 排出气体，活塞快速收回。如果两个二位三通按钮换向阀仍保持按下状态，则气缸保持在前段位置不动。

如果松开两个按钮阀，二位五通单气控换向阀 1V2 不再有压力作用，在弹簧力的作用下复位到右位，执行端也回到初始位置。

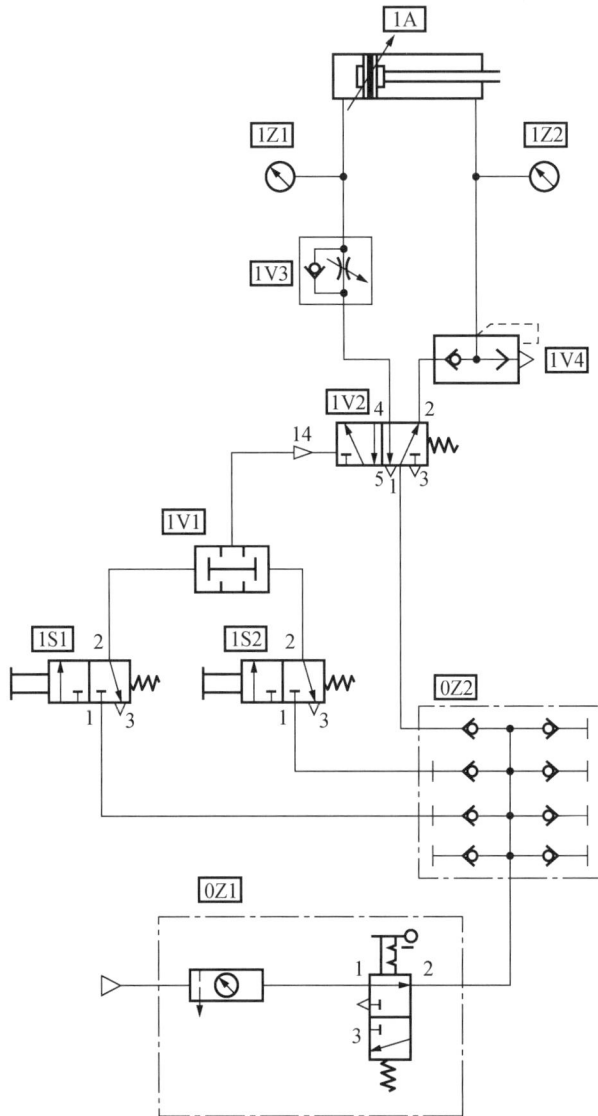

图 5-8　折边机气动控制系统原理

5.5　薄板折弯机控制系统的安装与调试

◎ **学习重点**

1. 机械控制阀的选用、安装与调试。
2. 节流调速方式。
3. 二位五通双气控换向阀的功能、安装与调试。

1. 实训要求

如图 5-9 所示，在折弯机上使用了一个双作用气缸带动压下装置，用于金属薄板成型。当按下按钮时，气缸（Z1）的活塞杆伸出，直到气缸活塞杆到达前端终点位置并使工件成型为止。之后，气缸的活塞杆自动返回它的后端终点位置。

气缸活塞杆的工作速度在伸出和缩回两个方向上均可无级调节。通常情况下只是点动按钮，如果一直按着按钮，气缸能连续往返。要求如下：

（1）设计该薄板折弯机的控制系统并搭接调试。

（2）比较不同的节流调速方式。

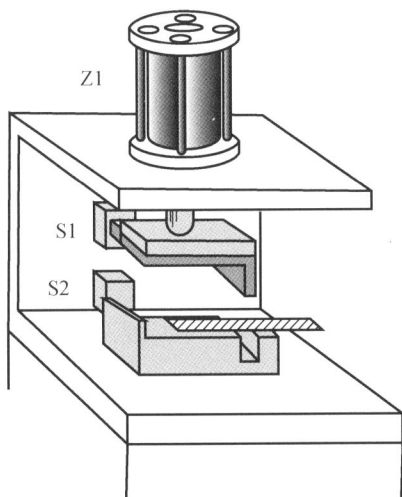

图 5-9 薄板折弯机

2. 实训元器件

本实训所需元器件见表 5-5。

表 5-5 实训所需元器件

序号	编号	数量	名称
1	0Z1	1	过滤、调压组件（二联件）
2	0Z2	1	分气块
3	Z1	1	双作用气缸
4	S1、S2	2	二位三通机械换向阀（行程阀）
5	S0	1	二位三通按钮换向阀
6	1V2	1	二位五通双气控换向阀
7	1V3	2	单向节流阀

3. 参考方案

本实训气动控制系统参考方案见图 5-10。

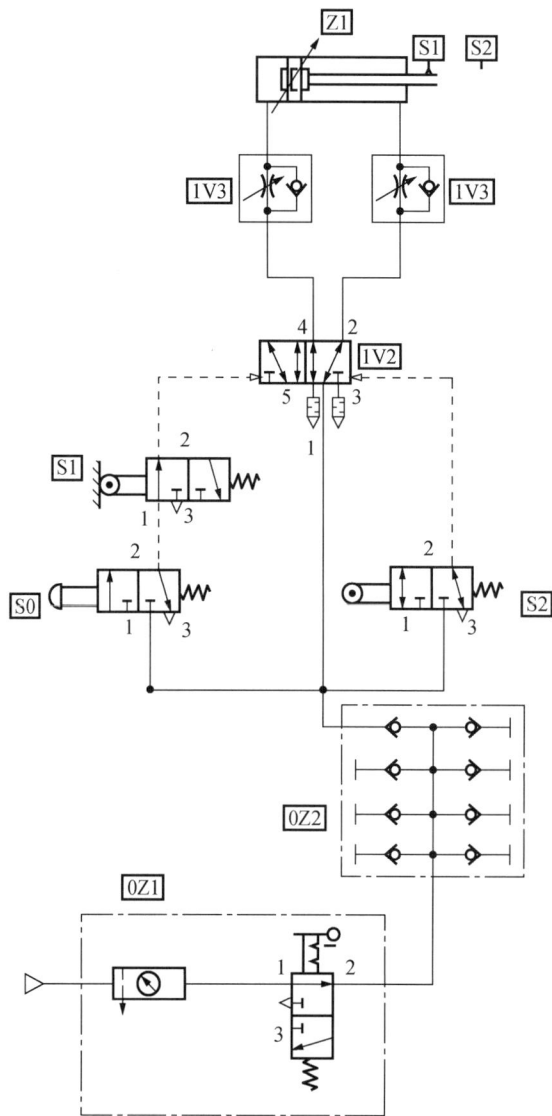

图 5-10　薄板折弯机气动控制系统原理

4. 调试说明

如图 5-10 所示，二位五通双气控换向阀 1V2 处于右位，压缩空气经其进气口 1 到达 2 出口，进入气缸的有杆腔，活塞在收回状态，行程阀 S1 位于气缸活塞杆收回的始端；当按下二位三通按钮换向阀 S0 时，压缩空气进入二位五通双气控换向阀的左端，并使其换向到左位工作，压缩空气进入气缸的无杆腔，活塞杆伸出，此时，调节右侧单向节流阀，以便控制压下装置的速度。气缸活塞杆伸出的同时，行程阀 S1 和二位三通按钮换向阀 S0 通脱弹簧复位抬起，二位五通双气控换向阀仍处于左位工作状态。

当活塞杆到达前端终点，压下行程阀 S2 的滚轮时，二位五通双气控换向阀右位接入系统，压缩空气从阀的进气口 1 到达 2 出口，进入气缸的有杆腔，使得活塞杆收回；此时，调节左侧单向节流阀，可以控制活塞杆收回的速度。当活塞杆到达初始位置时，压下行程阀 S1 的滚轮，这时若保持二位三通按钮换向阀 S0 按下，将会连续往复工作循环。

两个行程阀的安装位置在初始状态时是不同的，其中，S1 的初始状态保持压下，即接通状态。

5.6　打标记装置控制系统的安装与调试

◎ **学习重点**

1. 逻辑阀梭阀和双压阀在实际应用中的功能及意义。
2. 双作用气缸间接控制的作用。

1. 实训要求

如图 5-11 所示，测量人员的测量杆长度为 3～5m，测量仪器上深色标记为 200mm，要求测量出杆前段 200mm 并打上标记。由两地控制，通过气缸来控制测量杆的运动，按下按钮，气缸推动测量杆前进，到达前 200mm 长度时停止，然后气缸返回，等待下一个测量杆。要求如下：

（1）设计该打标记装置的控制系统并搭接调试。

（2）比较两个逻辑阀的功能。

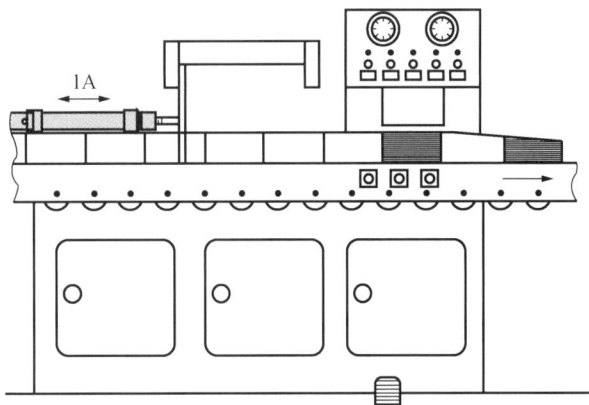

图 5-11　打标记装置

2. 实训元器件

本实训所需元器件见表 5-6。

表 5-6　实训所需元器件

序号	编号	数量	名称
1	0Z1	1	过滤、调压组件（二联件）
2	0Z2	1	分气块
3	1A	1	双作用气缸
4	1S1	1	二位三通机械换向阀（行程阀）
5	1S2、1S3、1S4	3	二位三通按钮换向阀
6	1V1	1	梭阀
7	1V2	1	双压阀
8	1V3	1	二位五通双气控换向阀
9	1V4	1	单向节流阀

3. 参考方案

本实训气动系统参考方案见图 5-12。

4. 调试说明

　　如图 5-12 所示，当按下两个按钮换向阀中的一个，即两地控制其一，二位五通双气控换向阀被切换工作位置，压缩气体通过单向节流阀排气，活塞杆慢慢伸出。在前进的末端位置，活塞杆压下行程阀，当按下二位三通按钮换向阀 1S4 时，气缸缩回。若气缸前进到末端位置，没有按下二位三通按钮换向阀 1S4，则气缸保持在末端位置不动。

　　若将双压阀 1V2 换掉，则两个输入口的控制按钮需串联连接，以达到同样的功能。

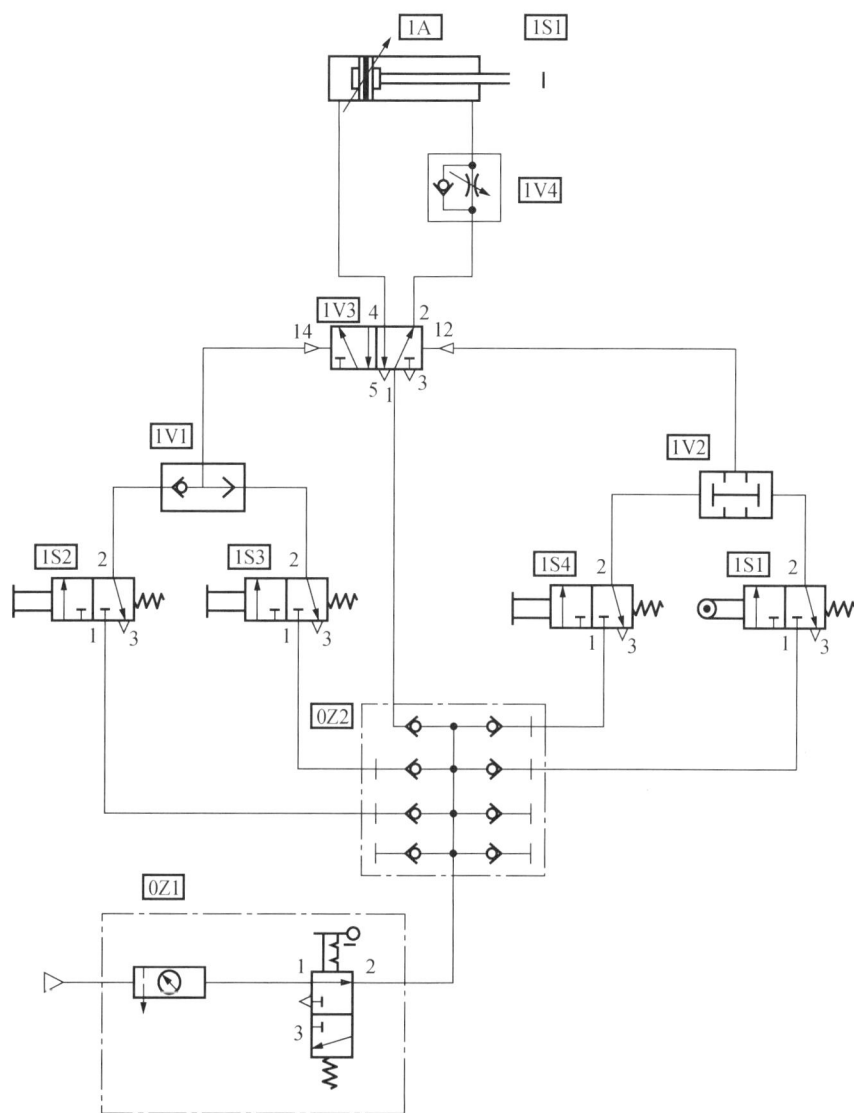

图 5-12　打标记装置控制系统原理

5.7　圆柱工件分离装置控制系统的安装与调试

◎ 学习重点

1. 延时阀的原理、安装与调试方法。

2. 单向节流阀对速度的控制及速度控制时间的调试。

1. 实训要求

图 5-13 所示为圆柱工件分离装置。双作用气缸将圆柱形工件推向测量装置，工件通过气缸的连续运动而被分离并进入测量装置。气缸的动作通过一个旋钮阀控制。推出工件的速度较慢，$t_1=0.6s$，回程的速度略快些，$t_2=0.4s$，气缸推出工件到达前端时要停留一段时间，以便料仓中的圆柱件下落，停留时间 $t_3=1s$，之后返回，完成一个工作循环。要求如下：

设计该装置的控制系统并进行元件的选型及搭接调试。

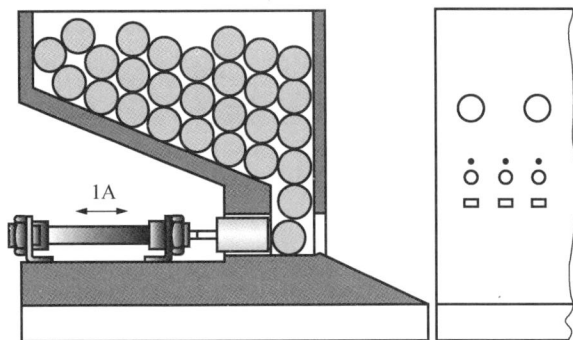

图 5-13　圆柱工件分离装置

2. 实训元器件

本实训所需元器件见表 5-7。

表 5-7　实训所需元器件

序号	编号	数量	名称
1	0Z1	1	过滤、调压组件（二联件）
2	0Z2	1	分气块
3	1A	1	双作用气缸
4	1S1、1S2	2	二位三通机械换向阀（行程阀）
5	1S3	1	二位五通旋钮换向阀
6	1V1	1	双压阀
7	1V2	1	时间控制阀（延时阀，常断）
8	1V3	1	二位五通双气控换向阀
9	1V4、1V5	2	单向节流阀

3. 参考方案

本实训气动系统参考方案见图 5-14。

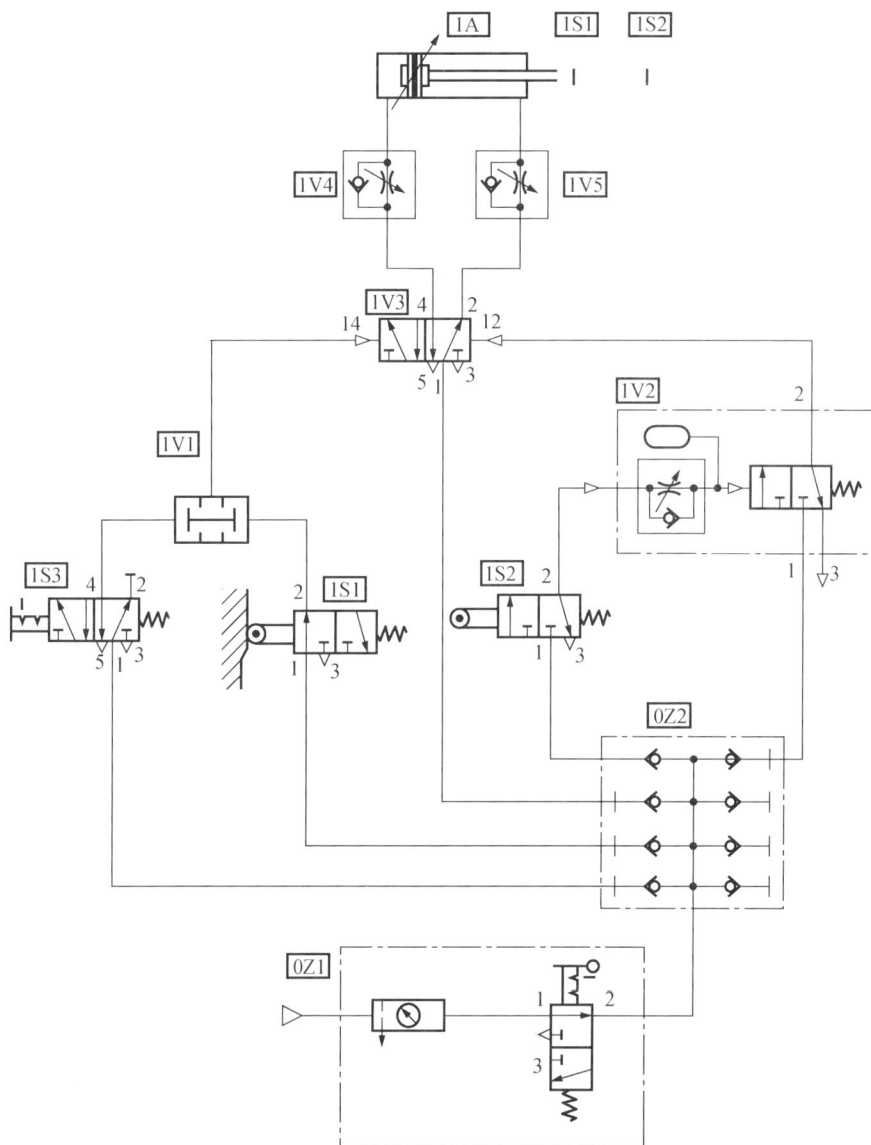

图 5-14　圆柱工件分离装置气动控制系统原理

4. 调试说明

如图 5-14 所示，圆柱工件分离设备可将工件推向测量装置，工件通过气缸的连续运动被分离并推出，此过程中气缸的连续往返运动只由一个旋钮阀控制，气缸前进和收回的速度可调，前进时间 $t_1=0.6s$，收回时间 $t_2=0.4s$，在推出圆柱后，在末端位置停留时间 $t_3=1.0s$。因此周期循环时间 $t_4=2.0s$。

当旋钮阀被旋动时，双压阀即满足工作条件，则控制双气控换向阀切换工作位置，气体经过单向节流阀 1V5 的控制，活塞杆缓慢伸出。在前进到末端位置时，行程阀被压下，延时阀开始工作，在经过一定时间后，阀中的储气腔充气并建立一定的压力，并推动其中换向阀切换工作位置，此时，延时阀有信号输出，控制气缸缩回。在此过程中，单向节流阀 1V4 控制回程时间及速度。

5.8 肘杆式压力机控制系统的安装与调试

◎ **学习重点**

1. 顺序阀的原理、安装与调试。
2. 压力对气缸的动作顺序控制。

1. 实训要求

肘杆式压力机（图 5-15）在气缸推出的过程中，带动一个连杆机构实现对工件的加压，当达到预定的压力值时，压力肘杆缩回，完成一次加工过程，压力的设定视工件的材料而定。气缸的动作由一个按钮操作，加压结束后，压力肘杆自动返回。要求如下：

（1）设计该装置的控制系统并进行元件的选型及搭接调试。

（2）比较延时阀与顺序阀在功能上的异同。

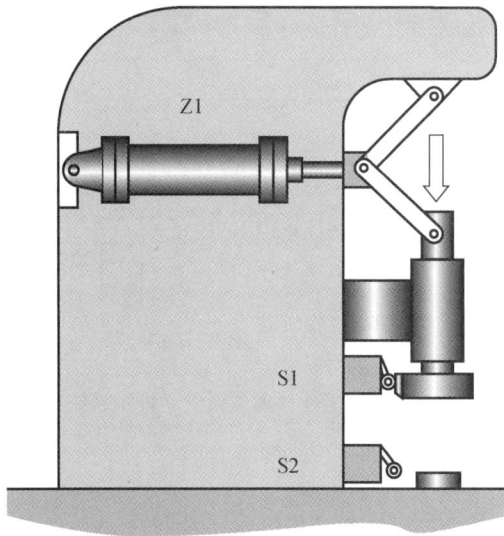

图 5-15 肘杆式压力机

2. 实训元器件

本实训所需元器件见表 5-8。

表 5-8　实训所需元器件

序号	编号	数量	名称
1	0Z1	1	过滤、调压组件（二联件）
2	0Z2	1	分气块
3	Z1	1	双作用气缸
4	S0	1	二位三通按钮换向阀
5	S1、S2	2	二位三通机械换向阀（行程阀）
6	S3	1	顺序阀
7	1V1、1V2	2	单向节流阀
8	1V3	1	二位五通双气控换向阀

3. 参考方案

本实训气动系统参考方案见图 5-16。

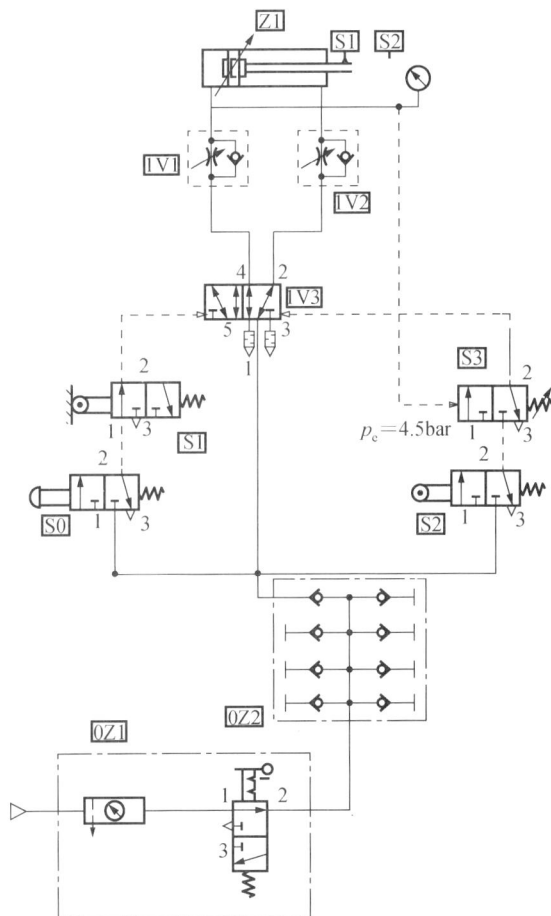

图 5-16　肘杆式压力机控制系统原理

4. 调试说明

如图 5-16 所示，按下二位三通按钮换向阀 S0，当冲模到达工件，用一定的压力冲压金属工件后，自动返回，在此过程中，压力的建立以及持续加压由压力顺序阀控制。当到达前端位置时，冲压头压下行程阀 S2，实现自动返回。

当气缸的压力达到预定的压力值时，如本实训可确定为 4.5bar（4.5×10^5Pa），则顺序阀换向，此时，气控信号作用于双气控换向阀，使气缸返回。气缸在两个方向上的速度由两个单向节流阀调节实现限速控制。

5.9 多刀加工机床送料机构控制系统的安装与调试

◎ 学习重点

1. 自锁回路的原理、安装与调试方法。
2. 单循环和自动循环两种工作状态的实现、随时中断的自动控制。
3. 多层控制关系原理。
4. 延时动作控制原理。

1. 实训要求

工件以两个为单位送入多刀加工机床上进行加工，送料装置采用两个气缸控制的挡板同步进退交替运动使物料两两送入机床。初始状态为：A 缸位于收回位置；B 缸位于伸出位置。当按下启动按钮，A 缸前向运动，同时，B 缸做回收运动。设定时间 t_1=1s后，A 缸回程，同时，B 缸进程；下一个工作循环在 t_2=2s 后进行。此送料装置可以实现单循环和自动循环两种状态，在工作过程中可用同一个按钮启动，可用另一个按钮中断自动循环。在供气中断后，系统不会自动恢复工作循环。试根据上述要求，设计此送料机构的控制系统回路。图 5-17 所示为多刀加工机床送料机构。

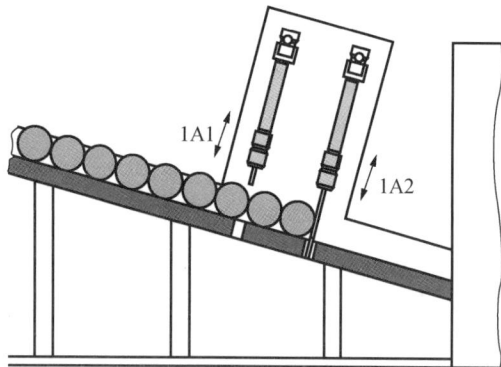

图 5-17　多刀加工机床送料机构

2. 实训元器件

本实训所需元器件见表 5-9。

表 5-9　实训所需元器件

序号	编号	数量	名称
1	1A1、1A2	2	双作用气缸
2	1S1、1S2	2	二位三通机械换向阀（行程阀）
3	1S3	1	二位三通按钮换向阀
4	1S4	1	二位五通旋钮换向阀
5	1V1	1	梭阀
6	1V2	1	二位三通单气控换向阀
7	1V3、1V4	2	延时阀（常断）
8	1V5	1	双压阀
9	1V6	1	二位五通双气控换向阀

3. 参考方案

本实训气动系统参考方案见图 5-18。

4. 调试说明

工件以两个为单位送入多刀加工机床上进行加工，送料装置采用两个气缸控制的挡板同步进退交替运动使物料两两送入机床。初始状态为：1A1 缸位于收回位置，1A2 缸位于伸出位置。当按下启动按钮，1A1 缸向前运动，同时，1A2 缸做缩回运动。设定时间 $t_1=1s$，使两个气缸在工作环节的末端都将停顿一定的时间，之后，1A1 缸回程，同时，1A2 缸进程；下一个工作循环在 $t_2=2s$ 后进行。

要实现两个气缸工作末端的延时控制，即当 1A1 缸伸出（1A2 缸缩回）1s 后再返回，每个工作循环间隔 2s。需要考虑选用常开状态的延时阀，并且两个延时阀要分别与行程开关串联在一起，由行程开关来控制其动作，因此，两个行程阀 1S1 和 1S2 与两个延时阀的控制气口连接。

控制系统要能实现单循环和自动循环两种控制，并且可随时中断自动循环，在供气中断后，系统不会自动恢复工作循环。这就要求在设计控制系统时考虑选用按钮和定位开关两种启动方式。

由阀 1S3、1S4、1V1 和 1V2 组成一个自锁回路，如果按下 1S3 并旋动 1S4，此时将在 1V2 有一个恒定的信号，使系统实现连续循环工作状态。

过滤阀组件和分气块在原理图中省略。

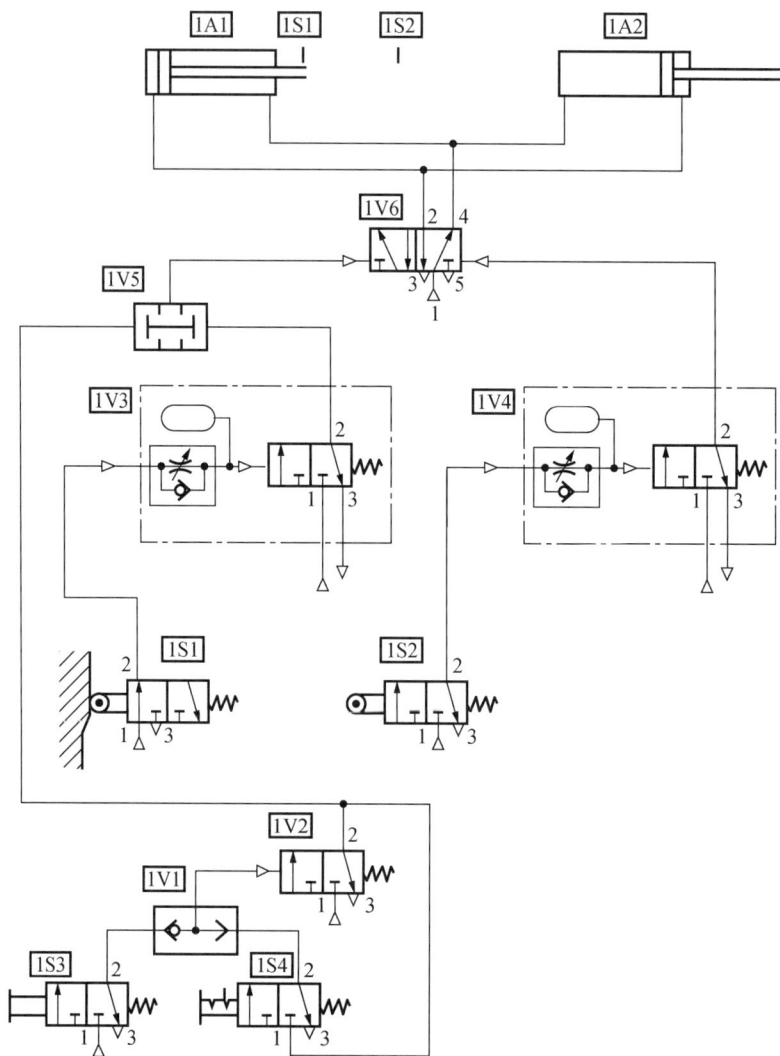

图 5-18　多刀加工送料机构控制系统原理

5.10　钻床夹具控制系统的安装与调试

◎ **学习重点**

1. 可通过式机械控制阀的原理、选用规则、安装与调试方法。
2. 两个气缸顺序动作控制原理。
3. 多层控制关系原理。
4. 障碍信号的解决方法。

1. 实训要求

钻床夹具如图 5-19 所示。将工件放入夹具中，由按钮操作将需要加工的工件夹紧，夹紧缸为 Z1，工件夹紧后驱动钻孔气缸 Z2 活塞杆伸出，在工件上钻孔，当钻孔结束后此气缸自动返回，并松开工件，当气缸到达终端位置时控制夹紧缸缩回，完成一个工作循环。两个气缸伸出时的速度可以无级调节。设计钻床夹具的控制系统。

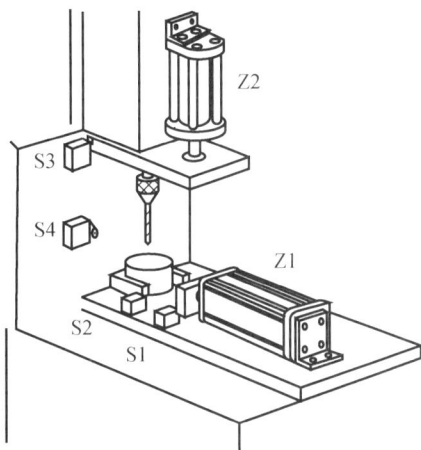

图 5-19 钻床夹具

2. 实训元器件

本实训所需元器件见表 5-10。

表 5-10 实训所需元器件

序号	编号	数量	名称
1	Z1、Z2	2	双作用气缸
2	S1、S4	2	二位三通机械换向阀（行程阀）
3	S2、S3	2	二位三通机械换向阀（可通过式行程阀）
4	S0	1	二位三通按钮换向阀
5	1V1	2	二位五通双气控换向阀
6	1V2	2	单向节流阀

3. 参考方案

本实训气动系统参考方案见图 5-20。

4. 调试说明

按下二位三通按钮换向阀 S0，控制信号通过二位五通双气控换向阀 1V1 使夹紧气缸 Z1 伸出，在到达前端位置之前短暂地压过可通过式行程阀 S2，并继续伸出到前端位置。此时，可通过式行程阀没有被压下。短暂的脉冲信号从 S2 输送到二位五通双气控换向阀 1V1 控制口，驱使钻孔气缸 Z2 活塞杆伸出。当活塞杆到达前端位置时压下行程阀 S4，此信号控制钻孔气缸 Z2 返回。当此气缸缩回到后端位置时，短暂地压过可通过式行程阀 S3，并继续返回到后端终点位置。短暂的脉冲信号通过二位五通双气控换向阀 1V1 驱动夹紧气缸 Z1 返回。完成一个工作循环。

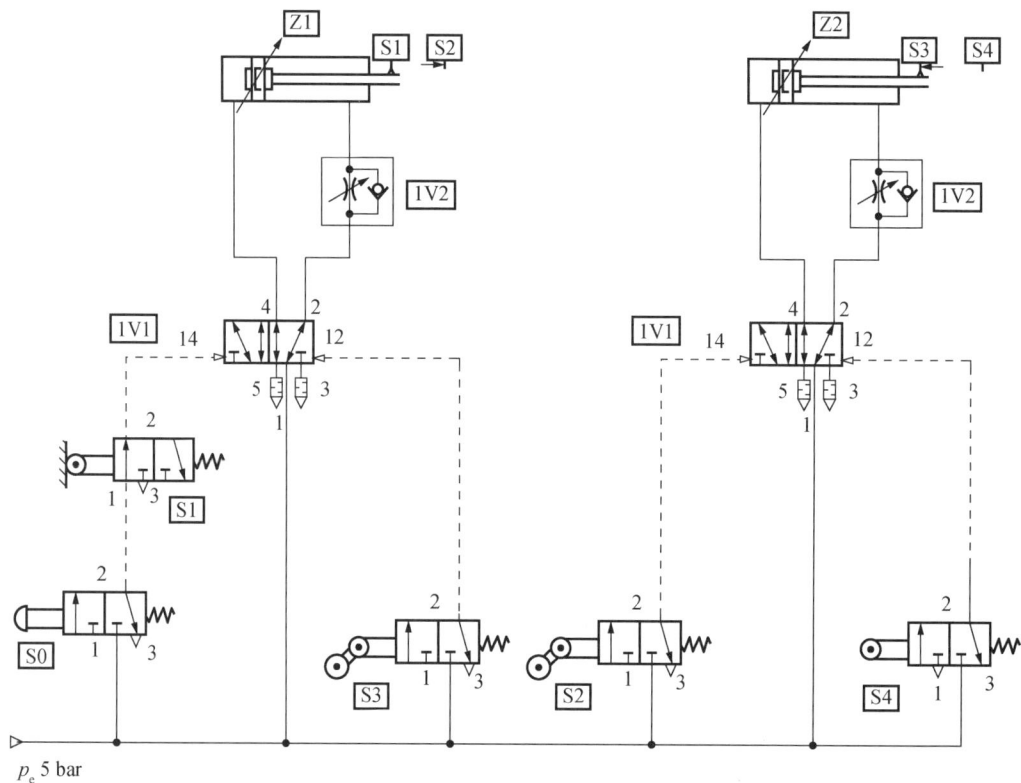

图 5-20　钻床夹具控制系统原理

思　考　题

1．单作用气缸两个方向上的速度控制应如何实现？画图说明。
2．常用的单向节流阀的调速方法有哪几种？试分析其原理。
3．在图 5-12 中，若将双压阀 1V2 换掉，应如何修改系统原理图？
4．分析延时阀的工作原理。
5．气动顺序阀的工作原理是什么？分析它在回路图 5-16 中的功能。

6 单元

电气气动系统的安装与调试

>>>>

◎ **单元导读**

现代工业技术的发展要求所有的控制系统运行更快、精度更高，这使得电子技术的发展变得越来越快，电气气动控制已经广泛应用于现代工业生产中。

如果想更合理、更完善地设计一个控制方案，单纯采用纯气动控制技术就会受到一定的限制，在这方面，电子技术为我们提供了更多的途径和可行性。气动技术和电子技术的融合则是目前工业行业的前沿技术之一。

6.1 物料分拣装置控制系统的安装与调试

◎ **学习重点**

1. 电气控制原理及分析。
2. 基本电气元件的功能及图形符号。
3. 电路的连接，与电磁阀的连接及调试。

1. 实训要求

按下按钮，气缸的活塞杆将工件推出，即传送带上的工件通过分拣装置（图 6-1）被输送到下一个工作站，以便进行下一个工序。松开按钮，活塞杆返回并复位。要求如下：

设计气控回路及电气控制回路，并安装与调试。

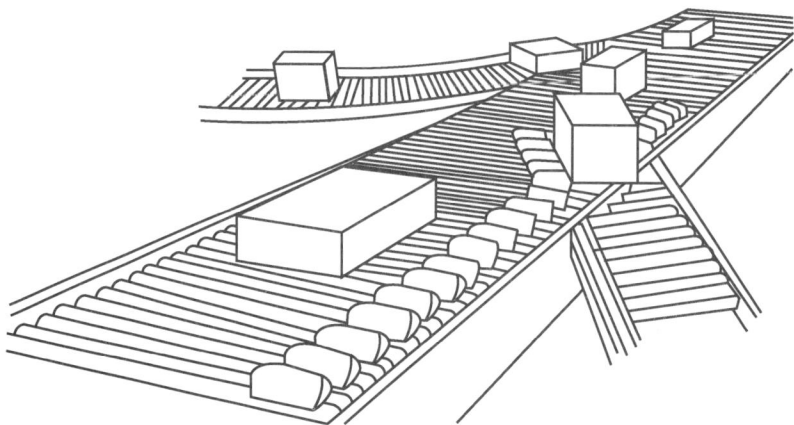

图 6-1　分拣装置示意图

知识窗

电气气动控制系统相关元件介绍

在电气启动系统中，必须有能够将电信号转换成气信号的关键元件，气动控制系统中常用到的电气元件是电磁阀，如果要控制一个电磁阀，必须给它一个电信号，要实现这个过程，需要一个开关以便于把这个信号传到电磁阀的线圈上。

如图 6-2 所示，按下开关按钮，则形成了闭合回路，电磁阀线圈得电，使电磁阀进入工作状态。

电磁阀的结构原理在单元 2 中已介绍，这里不再赘述。

1. 触点开关

利用一个机械动作，将两个触点压在一起，电路即可接通。触点的功能基本分为三种：接通开关（常开触点）、断开开关（常闭触点）和转换开关（转换触点）等，如图 6-3 所示。

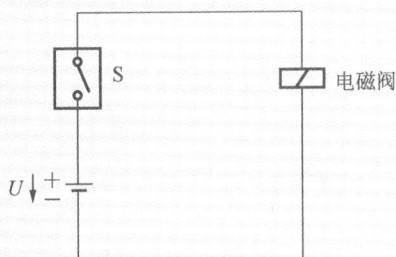

图 6-2　电磁阀的控制

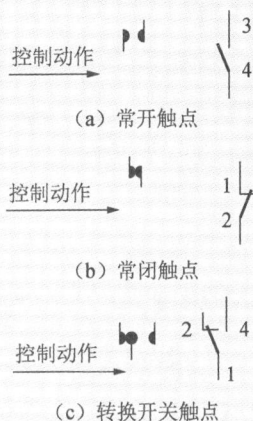

（a）常开触点

（b）常闭触点

（c）转换开关触点

图 6-3　各种触点功能及图形符号

2. 电磁接触器

单路或多路开关不一定总要人工来控制，其他用于使触点开关的较为重要的元件有接触器和继电器。电磁接触器（图 6-4）用于控制高电压大电流，接触器的触点是由一个电磁铁的衔铁来驱动的，并将其保持在相应的开关位置上，当电磁铁线圈断电时，在弹簧力的作用下触点复位，回到断开状态。

如图 6-5 所示，当操纵开关 a 闭合后，电磁铁得电，电磁铁中的衔铁将动触点压向静触点，触点 13、23、33 被接通，此时，带负载的电路被接通。

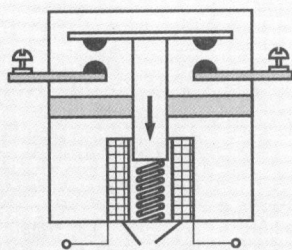

图 6-4　电磁接触器

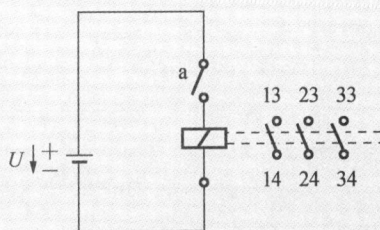

图 6-5　电磁接触器电路

接触器分为直流接触器和交流接触器两种。直流接触器吸合时要比交流接触器有较好的柔性，因此，有利于保护触点接触器。

接触器的表示方法如图 6-6 所示，KM1、KM2、KM3、…、KMn 表示第几个接触器。A1、A2 表示线圈上的两个接头，触点上的两位数字中的第一位表示该触点的第几个触点，第二位表示该触点的触点状态。图 6-7 所示为接触器在电路中的表示方法。

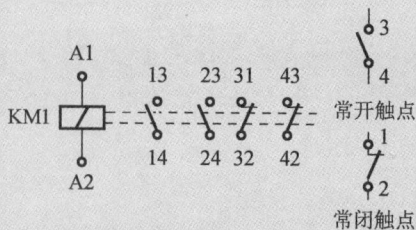

图 6-6　电磁接触器的表示方法及接头标注

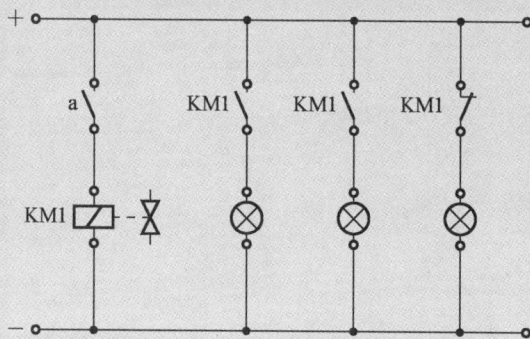

图 6-7　接触器在电路中的表示方法

2. 实训元器件

本实训所需元器件见表 6-1。

表 6-1　实训所需元器件

序号	编号	数量	名称
1	0Z1	1	气动两联件组件
2	0Z2	1	分气块
3	1A	1	单作用气缸
4	1V1	1	二位三通单电控电磁换向阀
5	1V2	1	二位五通单电控电磁换向阀
6	S1	1	电信号开关按钮
7	1Y	1	电磁铁线圈
8	—	1	导线组
9	—	1	电源，24V

3. 参考方案

本实训电气气动系统可分别采用二位三通单电控电磁换向阀和二位五通单电控电磁换向阀来实现，两种参考方案见图 6-8，电控原理见图 6-9。

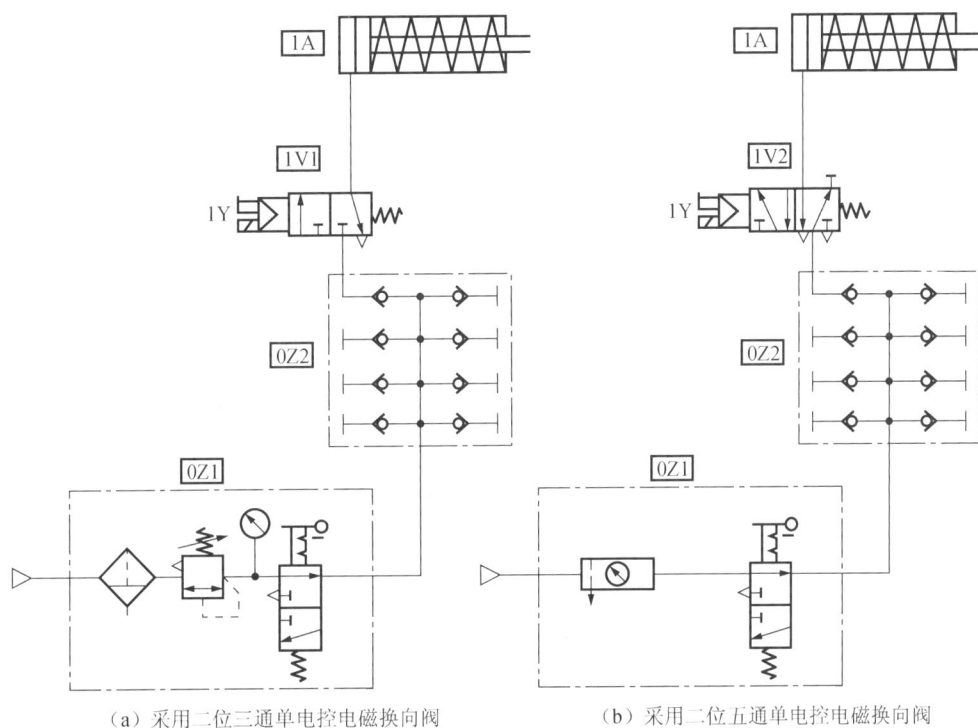

（a）采用二位三通单电控电磁换向阀   （b）采用二位五通单电控电磁换向阀

图 6-8 分拣装置气动控制系统

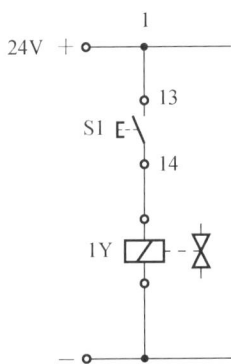

图 6-9 分拣装置电控原理

4. 调试说明

图 6-8 分别由二位三通单电控电磁换向阀和二位五通单电控电磁换向阀实现了分拣装置的控制。按下电信号开关按钮 S1 后，如图 6-9 所示，电磁铁线圈 1Y 得电，气缸活塞杆前进到末端。松开 S1 后，电磁铁线圈 1Y 失电，在弹簧力作用下复位，活塞杆返回末端位置。完成一次分拣动作。

6.2 瓶盖安装机构控制系统的安装与调试

◎ **学习重点**

1. 继电器间接控制双作用气缸。
2. 继电器的功能、结构原理及表示方法。
3. 继电器电路的连接及调试。

1. 实训要求

生产线流程中，使用瓶盖安装机构（图 6-10）将上盖压在桶上端。按下启动按钮，活塞杆伸出将圆形瓶盖压在瓶子口上。松开按钮，活塞杆返回初始末端位置。要求如下：设计气动控制回路及电气控制回路，并安装与调试。

图 6-10　瓶盖安装机构示意图

知识窗

电气气动控制系统相关元件介绍

1. 继电器

电磁继电器为电磁驱动的开关，它主要用于低压、低电流的场合，常用于电路的开关及信号的传递。

继电器由带有铁心的线圈、一组簧片及衔铁组成。

当给继电器线圈通电时，衔铁被吸合，即可驱动触点动作，使触点改变工作状态，即常开触点闭合，常闭触点断开。在断电的状态下，衔铁在弹簧的作用下远离铁心。继电器可以装有多对触点。

图 6-11 所示为继电器（带转换触点）的剖面图及（图形）符号。

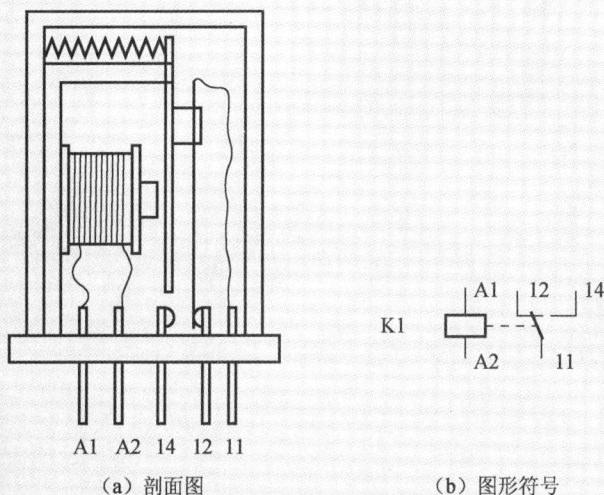

（a）剖面图　　　　　　　　　（b）图形符号

图 6-11　继电器（带转换触点）的剖面图及图形符号

继电器用 K1、K2、K3、…、Kn 等表示第几个继电器，A1、A2 表示电磁线圈上的两个接头。触点上的两个数字中第一位表示继电器的第几个触点，第二位表示继电器的触点状态。

继电器在电路中的表示方法如图 6-12 所示。

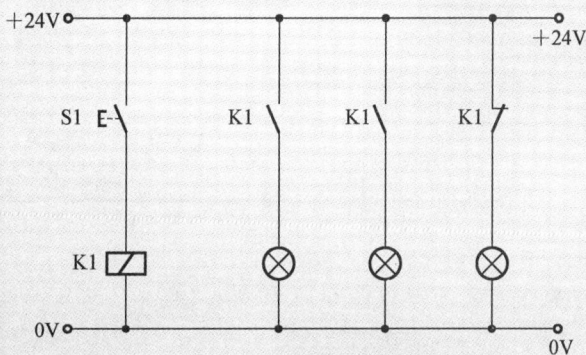

图 6-12　继电器在电路中的表示方法

2. 时间继电器

时间继电器可以延时接通或延时断开继电器中的线圈，延时时间的长短可以是固定的，也可以是可调的，在使用中可根据要求选择。

延时吸合的时间继电器是当激励电流通过后，经过 Δt 时间，继电器线圈才被激励处于得电状态，同时，继电器的触点断开或接通。反之，延时断开继电器是当激励电流通过后，经过 Δt 时间，继电器线圈才被失电，同时，继电器的触点断开或接通。继电器的功能与特性见表 6-2。

表 6-2　继电器的功能与特性

线圈	功能	常开	常闭	特性
K	中间继电器	K	K	当线圈得电，对应触点向相反的状态改变；当线圈失电，各对应触点恢复到初始状态
T1	通电延时	T1	T1	当线圈得电，此时开始计时，延时时间到达后，触点改变工作状态；当线圈失电，对应触点立刻恢复到初始状态
T2	断电延时	T2	T2	当线圈得电，对应触点立刻改变工作状态；当线圈失电，此时开始计时，延时时间到达后，触点恢复初始状态

2. 实训元器件

本实训所需元器件见表 6-3。

表 6-3　实训所需元器件

序号	编号	数量	名称
1	0Z1	1	气动两联件组件
2	1A	1	双作用气缸
3	1V1	1	二位五通单电控电磁换向阀
4	S1	1	电信号开关按钮
5	K1	1	继电器
6	1Y	1	电磁铁线圈
7	—	1	导线组
8	—	1	电源，24V

3. 参考方案

本实训电气气动系统参考方案见图 6-13 和图 6-14。

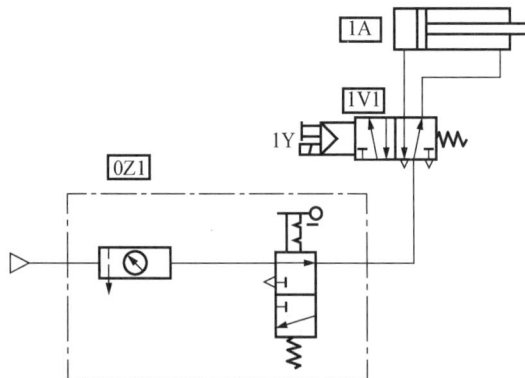

图 6-13　瓶盖安装机构气动控制系统

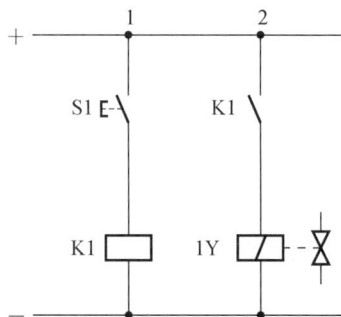

图 6-14　瓶盖安装机构电气原理

4. 调试说明

当按下电信号开关按钮 S1 后，继电器线圈得电，则触点 K1 闭合，电磁铁线圈 1Y 得电，推动电磁换向阀切换工作位置，使双作用气缸活塞杆伸出，推动机构工作。

松开电信号开关按钮，继电器失电，此时继电器的常开触点复位，电磁铁线圈失电，电磁换向阀在弹簧力的作用下复位，活塞杆返回。

6.3　料仓门启闭装置控制系统的安装与调试

◎ **学习重点**

1. 气缸两个末端继电器的间接控制。
2. 继电器触点的接线及控制关系。
3. 电路图原理分析。

1. 实训要求

料仓用来盛放颗粒状或粉末状物料，料仓门启闭装置如图 6-15 所示，当按下按钮时，仓门打开，物料从料斗中漏出进入下一个工作站。按下第二个按钮时，仓门关闭。

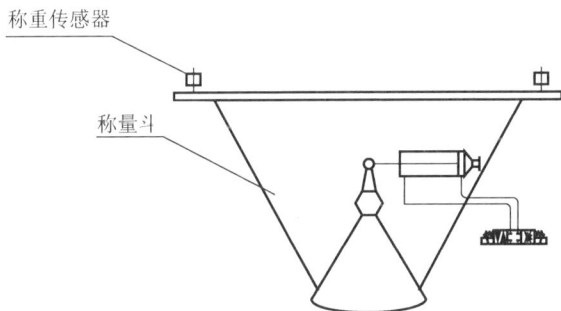

图 6-15　料仓门启闭装置

2. 实训元器件

本实训所需元器件见表 6-4。

3. 参考方案

本实训电气气动系统参考方案见图 6-16 和图 6-17。

表 6-4　实训所需元器件

序号	编号	数量	名称
1	0Z1	1	气动两联件组件
2	1A	1	双作用气缸
3	1V1	1	二位五通双电控电磁换向阀
4	S1、S2	2	电信号开关按钮
5	K1、K2	2	继电器
6	1Y1、1Y2	2	电磁铁线圈
7	—	1	导线组
8	—	1	电源，24V

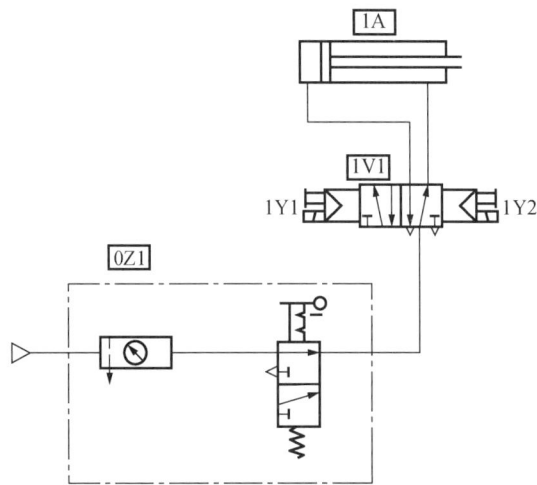

图 6-16　料仓门启闭装置气动控制系统

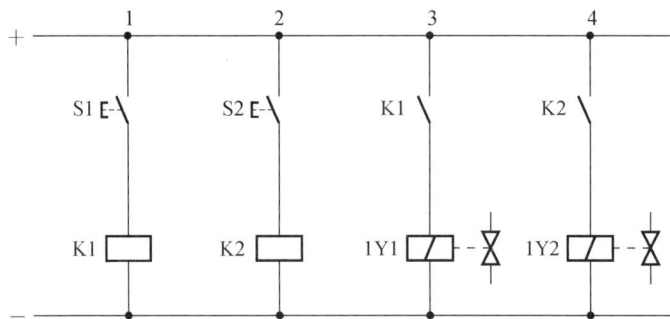

图 6-17　料仓门启闭装置电气原理

4. 调试说明

当按下电信号开关按钮 S1 后，电路中的继电器 K1 得电，则触点闭合，电磁铁线圈

1Y1 得电，二位五通双电控电磁换向阀 1V1 切换工作位置。此时，双作用气缸 1A 的活塞杆前进到前端末端位置。当松开电信号开关按钮 S1 后，继电器失电，同时其触点断开，电磁铁线圈 1Y1 失电，双作用气缸活塞杆停留在前端。

当按下电信号开关按钮 S2 后，电路中的继电器 K2 得电，同理，双作用气缸活塞杆返回到末端位置。松开此按钮时，继电器 K2 失电，控制电磁铁线圈 1Y2 失电。完成一次工作过程。

6.4　工作站自动推料机构控制系统的安装与调试

◎ 学习重点

1. 电子限位开关的结构、原理及在系统中的功能。
2. 电子限位开关的安装与调试。
3. 双作用气缸的自动返回间接控制。

1. 实训要求

工件从储料槽靠重力下落到推料口，然后由自动推料机构（图 6-18）将物料输送到工作站。当按下按钮后，推料机构动作，将物料推出。当推料机构的气缸活塞杆到达终端位置时，将自动返回。要求如下：

完成此机构的控制系统，并比较此处的机械式电控限位开关（电子限位开关）与单元 5 中的机械控制阀的异同。

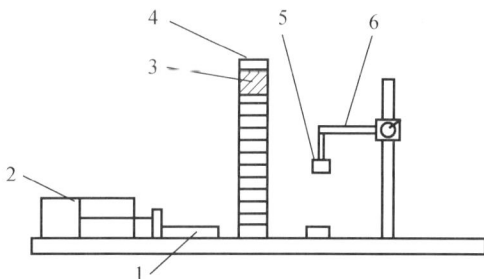

图 6-18　工作站自动推料机构示意图

1—推料块　2—推垫片气缸　3—压块　4—储料槽　5—吸嘴　6—放垫片机械手

知识窗

电子限位开关的结构原理

电子限位开关又称为机械控制式传感器，它是利用生产机械运动部件的碰撞使其触头动作来实现接通或分断控制电路，达到一定的控制目的的。通常，这类开关被用来限制机械运动的位置或行程，使运动机械按一定位置或行程自动停止、反向运动、变速运动或自动往返运动等。

在电气控制系统中，限位开关的作用是实现顺序控制、定位控制和位置状态的检测，用于控制机械设备的行程及限位保护。在实际生产中，将限位开关安装在预先安排的位置，当安装于生产机械运动部件上的模块撞击行程开关时，限位开关的触点动作，实现电路的切换。因此，行程开关是一种根据运动部件的行程位置而切换电路的电器，它的作用原理与按钮类似。

限位开关广泛用于各类机床和起重机械，用以控制其行程、进行终端限位保护。在电梯的控制电路中，还利用行程开关来控制开关轿门的速度、自动开关门的限位、轿厢的上、下限位保护等。

如图 6-19 所示，当气缸运动到预先设置好的位置时，压下机械式限位开关（电子限位开关），并发出信号至控制系统或调节系统中的电磁阀等，以便控制系统执行端的运动。

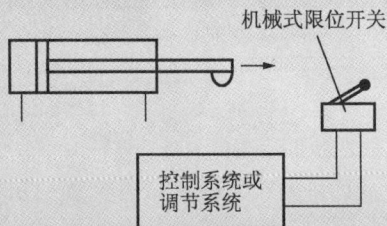

图 6-19　电子限位开关的控制系统

图 6-20 所示为机械式电子限位开关的结构原理，图 6-20（a）是在机械运动部件未到达之前的工作状态；图 6-20（b）是当机械运动部件撞击到电子限位开关的推杆后，通过弹簧的作用切换触点位置，将信号传递到电磁阀，并实现电路的改变。

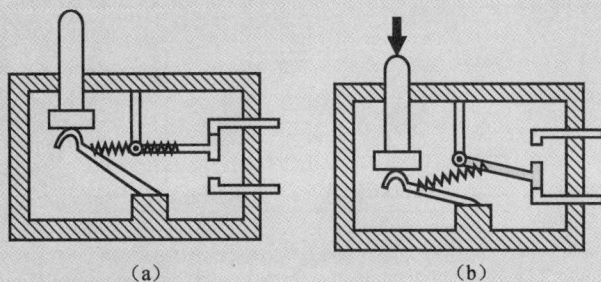

图 6-20　电子限位开关的结构原理

2. 实训元器件

本实训所需元器件见表 6-5。

表 6-5　实训所需元器件

序号	编号	数量	名称
1	0Z1	1	气动两联件组件
2	1A	1	双作用气缸
3	1V1	1	二位五通双电控电磁换向阀
4	S1	1	按钮开关
5	1S	1	电子限位行程阀
6	K1、K2	2	继电器
7	1Y1、1Y2	2	电磁铁线圈
8	—	1	导线组
9	—	1	电源，24V

3. 参考方案

本实训气动系统参考方案见图 6-21 和图 6-22。

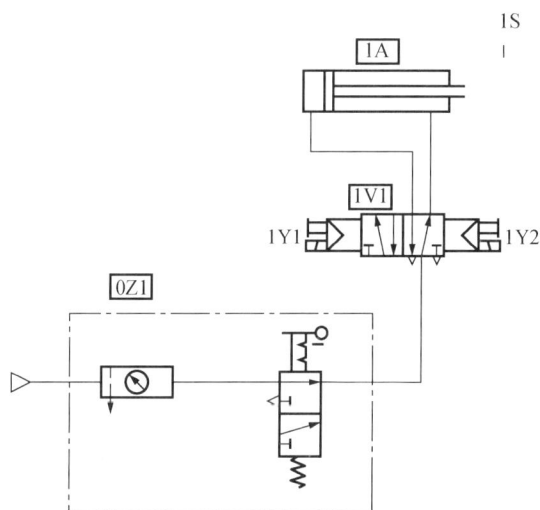

图 6-21　工作站自动推料机构气动控制

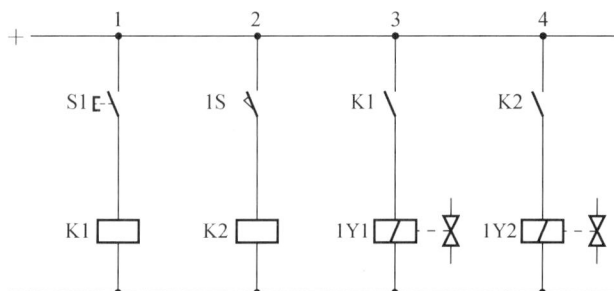

图 6-22　工作站自动推料机构电气原理

4. 调试说明

按下按钮开关 S1 后，继电器 K1 得电，其常开触点闭合，则电磁铁线圈 1Y1 得电，促使二位五通双电控电磁换向阀 1V1 切换工作位置，双作用气缸 1A 的活塞杆前进并到达末端位置，实现推料动作。当松开按钮开关 S1 后，继电器 K1 失电，则电磁铁线圈也失电。同时，双作用气缸的活塞杆撞击到电子限位行程阀 1S，使继电器 K2 得电，其常开触点闭合，则电磁铁线圈 1Y2 得电，促使二位五通双电控电磁换向阀切换工作位置，双作用气缸的活塞杆返回到末端位置。此时，继电器 K2 失电，则电磁铁线圈也失电。完成一个工作循环。

6.5 自动推料机构终端保持控制系统的安装与调试

◎ 学习重点

1. 电子自锁回路的原理。
2. 双作用气缸的终端停留同时保持压力状态的控制。
3. 电路的安装与调试。

1. 实训要求

在上述推料机构中，由两个按钮驱动，以便使物料推出到前端时进行另一个操作，此时的气缸起压紧作用，同时可增加机构的安全性。当按下第一个按钮时，活塞杆伸出将物料推出并到达工作台。松开此按钮，机构停留在此位置。压紧工作完成后按下第二个按钮，活塞杆返回初始末端位置。要求如下：

设计气控回路及电气控制回路，并安装与调试。

2. 实训元器件

本实训所需元器件见表 6-6。

表 6-6 实训所需元器件

序号	编号	数量	名称
1	0Z1	1	气动两联件组件
2	1A	1	双作用气缸
3	1V1	1	二位五通单电控电磁换向阀
4	S1	1	按钮开关（常开）
5	S2	1	按钮开关（常闭）
6	K1	1	继电器
7	1Y	1	电磁铁线圈
8	—	1	导线组
9		1	电源，24V

3. 参考方案

本实训气动系统参考方案见图 6-23 和图 6-24。

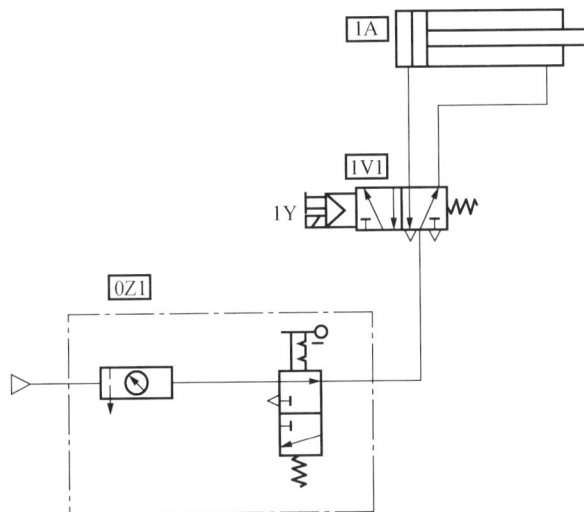

图 6-23　自动推料机构气动控制

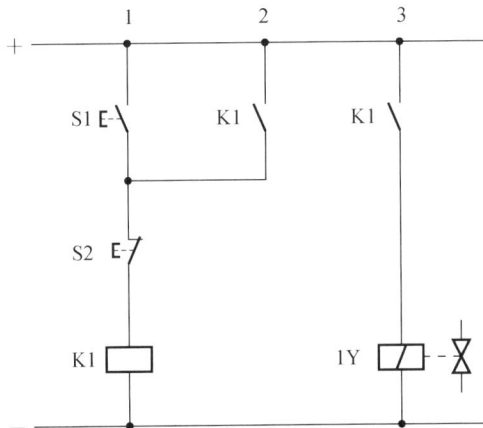

图 6-24　自动推料机构的终端保持控制电气原理

4. 调试说明

当按下按钮开关 S1 后，继电器 K1 得电，常开触点闭合；当松开此按钮开关后，带有触点 K1 的回路 2 保持闭合，则电磁铁线圈 1Y 保持得电状态，二位五通单电控电磁换向阀保持通电状态，双作用气缸的活塞杆在末端保持压力并停留。

当按下按钮开关 S2 后，继电器立刻失电，电磁铁线圈即失电，双作用气缸活塞杆返回。

自锁回路可实现使气缸保持压力的控制，在实际生产中，这一特点应用价值很高，同时也得到了很广泛的应用。

6.6 沙发寿命测试装置控制系统的安装与调试

◎ **学习重点**

1. 磁感应接近开关（位置传感器）的原理。
2. 磁感应接近开关的安装与调试。
3. 气缸单循环与连续循环的控制方法。
4. 气动回路与电路的接线及调试。

1. 实训要求

采用图 6-25 所示的测试装置对成品沙发进行使用寿命测试，该测试装置能够实现单次往复和连续往复两种工作状态。当旋转旋钮开关 S3（连续循环）后，双作用气缸 Z1 的活塞杆伸出并且在到达前终端位置后自动返回。该工作循环过程的重复进行取决于旋钮开关 S3 保持在"接通"状态上的时间。点动按钮 S0 后，气缸的活塞杆将伸出并自动缩回一次（单循环）。气缸活塞杆的伸出速度可以调节。要求如下：

安装并调试该控制系统，并比较磁感应接近开关（位置传感器）与电子限位行程阀的特点。

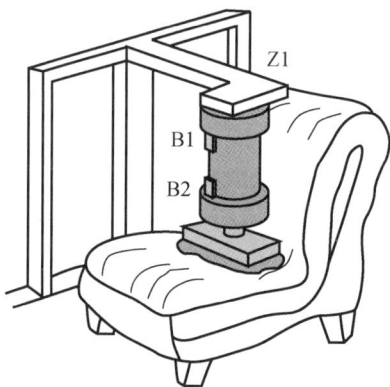

图 6-25 沙发寿命测试装置示意图

知识窗

磁感应接近开关的结构原理

磁感应接近开关是接近开关的一种，是一种位置传感器，它能通过传感器与物体之间的位置关系变化，将非电量或电磁量转化为电信号，从而达到控制执行端的目的。

在自动控制系统中，许多场合要求利用一个输入信号控制一个双作用气缸的定位。带有磁性位移传感器的定位系统可以满足这一要求。利用一个活塞上装有磁铁的双作用气缸、一个位置传感器和一个换向阀以及电子调节器就组成了这样的定位系统。

磁感应接近开关在接通电源后，在传感器的感应面将产生一个交变磁场，当金属物体接近此感应面时，金属中则产生涡流而吸取了振荡器的能量，使振荡器输出幅度线性衰减，然后根据衰减量的变化来完成无接触检测物体的目的。气动系统中采用磁感应接近开关来控制气缸的往返，实现设备的功能。

磁感应接近开关能以很细小的开关体积达到最大的检测距离。它能检测磁性物体（一般为永久磁铁），然后产生触发开关信号输出。这里的磁感应接近开关是用来检测气缸活塞位置的，即检测活塞的运动行程的。它分为有接点磁簧管型和无接点电晶体型。有接点磁簧管型内部为两片磁簧管组成的机械触点，交直流电通用，如图 6-26 所示。

磁感应接近开关（图 6-27）一般安装于气缸的行程中间，当随气缸活塞移动的磁环靠近磁感应接近开关时，感应开关的两根磁簧片被磁化而使触点闭合，产生电信号，从而控制电磁阀等电气元件；当磁环离开感应开关时，磁簧片失磁，触点断开，电信号消失，这样可以检测到气缸活塞位置，从而控制相应的电磁阀动作，以控制气缸的运动方向。

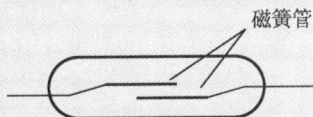

图 6-26　磁簧管机械触点

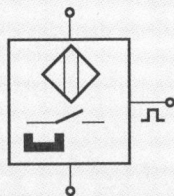

图 6-27　磁感应接近开关的图形符号

2. 实训元器件

本实训所需元器件见表 6-7。

表 6-7　实训所需元器件

序号	编号	数量	名称
1	0Z1	1	气动两联件组件
2	1A	1	双作用气缸
3	1V1	1	二位五通双电控电磁换向阀
4	S3	1	旋钮开关
5	S0	1	按钮开关（常开）
6	K1、K2	2	继电器
7	Y1、Y2	2	电磁铁线圈
8	B1、B2	2	磁感应接近开关（位置传感器）
9	—	1	导线组
10		1	电源，24V

3. 参考方案

本实训电气气动系统参考方案见图 6-28 和图 6-29。

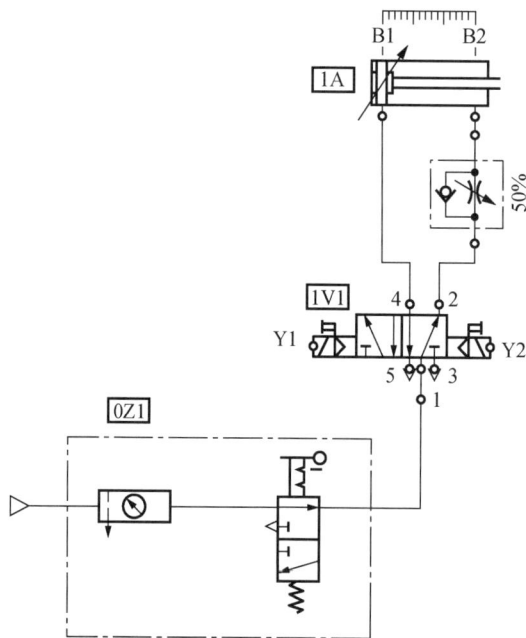

图 6-28　沙发寿命测试装置气动控制

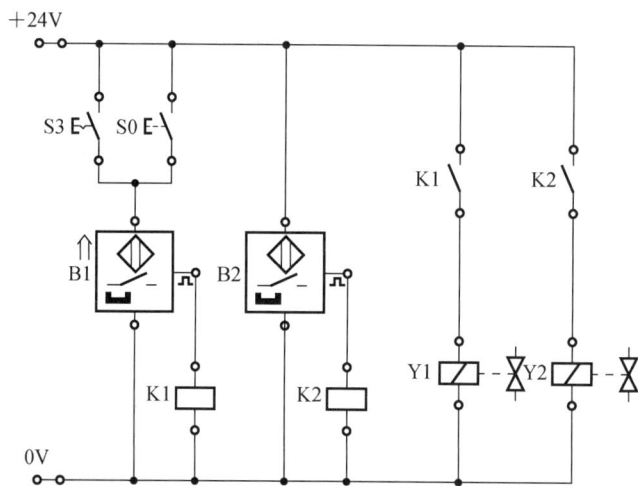

图 6-29　沙发寿命测试装置电气控制

4. 调试说明

旋转旋钮开关 S3（连续循环）后，被感应的位置传感器 B1 闭合，继电器 K1 得电，此时，常开触点闭合使双作用气缸 1A 的活塞杆伸出。当活塞杆达到前端位置时，位置传感器 B2 被感应并闭合，继电器 K2 得电，触点闭合并使气缸返回。该循环过程的重复进行取决于旋钮开关 S3 保持在"接通"状态上的时间。

当点动按钮 S0 后，双作用气缸的活塞杆将伸出和退回一次（单循环）。双作用气缸活塞杆的伸出速度由单向节流阀调节。

位置传感器的作用相当于气动控制回路中的机械控制行程阀，两种方案可以实现同样的效果，但精准度和误差值有差异，采用位置传感器更为精确。

思　考　题

1. 电磁接触器与继电器的应用场合有何区别？各适用于什么场合？
2. 按钮开关和旋钮开关在功能上有何区别？
3. 描述各种继电器的特性，并画出其表示符号。
4. 绘制一个自锁回路，使气动系统能够实现在终端停留的要求。
5. 叙述电限位开关的工作原理。
6. 磁感应接近开关的原理是什么？叙述其在控制回路中的控制过程。

7 单元

液压气动系统常见故障的分析与排除

>>>>>

◎ **单元导读**

　　一个设计合理并按规范化操作使用的液压气动系统,一般情况下故障率极小,但若安装调试和使用维护不当,也会出现各种故障,影响主机的生产及作业。所以,正确合理地安装与调试、规范化使用与维护液压气动系统,是保证液压系统保持良好工作性能的重要条件之一。

　　本单元将列举液压系统、气动系统常见的故障,并给出故障分析与排除方法。通过本单元的学习,当液压气动系统出现常见故障时,应能对常见故障进行分析与排除。

7.1　液压系统常见故障的分析与排除

◎ 学习重点

1. 压力控制回路、速度控制回路及方向控制回路的常见故障原因和排除方法。
2. 液压系统典型泄漏的解决方法。
3. 液压系统基本回路原理及在应用系统中的功能。

7.1.1　压力控制回路故障的分析与排除

1. 调压时升压时间过长

01 故障分析

在图 7-1 所示的多级调压回路中，当遥控管路较长，而系统由卸荷（三位四通电磁换向阀 2 处于中位）状态转为升压状态（阀 2 处于上位或下位）时，由于遥控管路通油箱，压力油要先填充遥控管路的容积后，才能升压，故升压时间长。

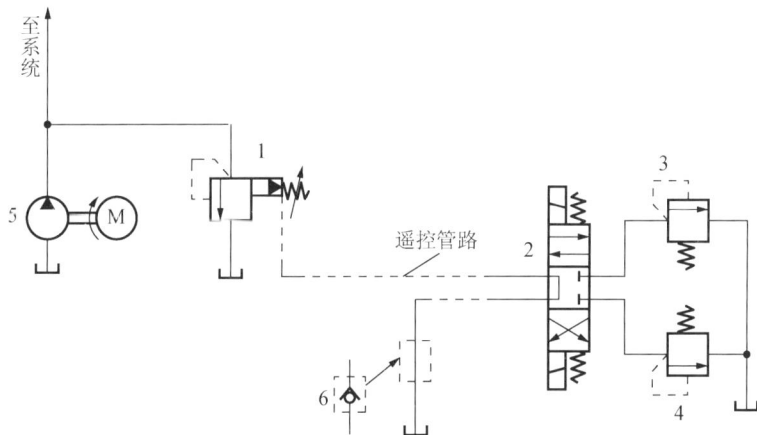

图 7-1　多级调压回路

1—先导式溢流阀　2—三位四通电磁换向阀　3，4—背压阀　5—液压泵　6—单向阀

02 排除方法

尽量缩短遥控管路（≤5m），建议在遥控管路回油口处增设一个背压阀，使之有一定压力，这样升压时间即可缩短。但由于低压卸荷，故部分加大了系统能量损失。

2. 遥控管路振动引起远程调压溢流阀振动

01 故障分析

在图 7-2 所示回路中，当遥控管路较长，当系统由卸荷（三位四通电磁换向阀 2 处于中位）状态转为升压状态（阀 2 处于上位或下位）时，由于遥控管路通油箱，压力油要先填充遥控管路的容积后，才能升压，故升压时间长，因而导致调压溢流阀的振动。

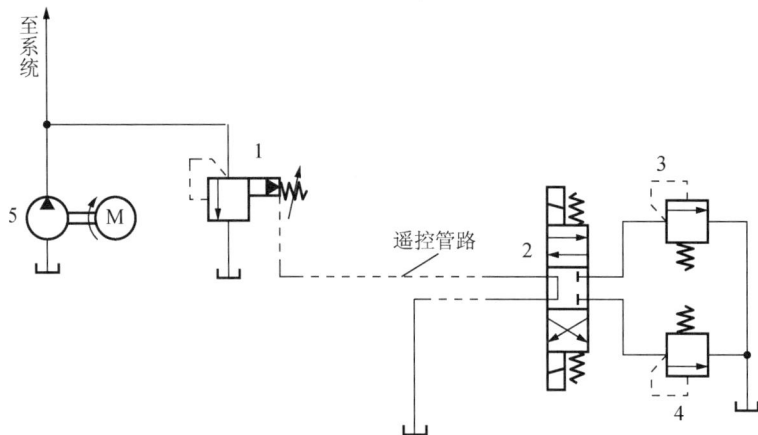

图 7-2 遥控管路振动引起远程调压溢流阀振动

1—先导式溢流阀 2—三位四通电磁换向阀 3，4—背压阀 5—液压泵

02 排除方法

在遥控管路处增设一个小规格节流阀，进行适当调节即可通过阻尼作用消除振动，见图 7-3。

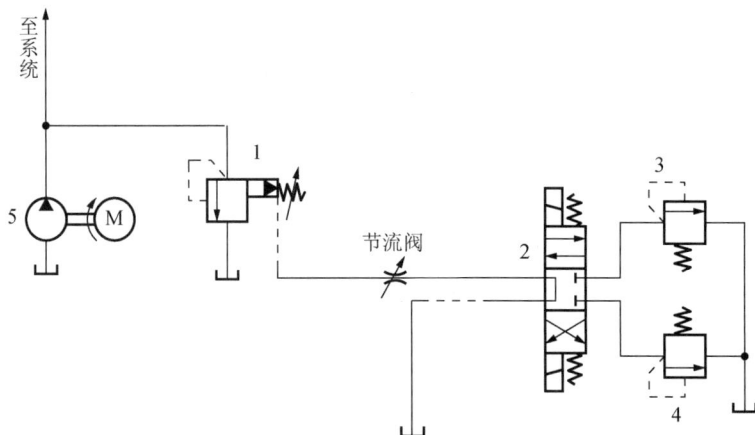

图 7-3 遥控管路振动引起远程调压溢流阀振动的排除方法

1—先导式溢流阀 2—三位四通电磁换向阀 3，4—背压阀 5—液压泵

3. 液压缸速度调节失灵或速度不稳定

01 故障分析

如图 7-4 所示，当减压阀 4 的泄漏（外泄油口流回油箱的油液）量大时会产生液压缸 2 速度调节失灵或速度不稳定故障。

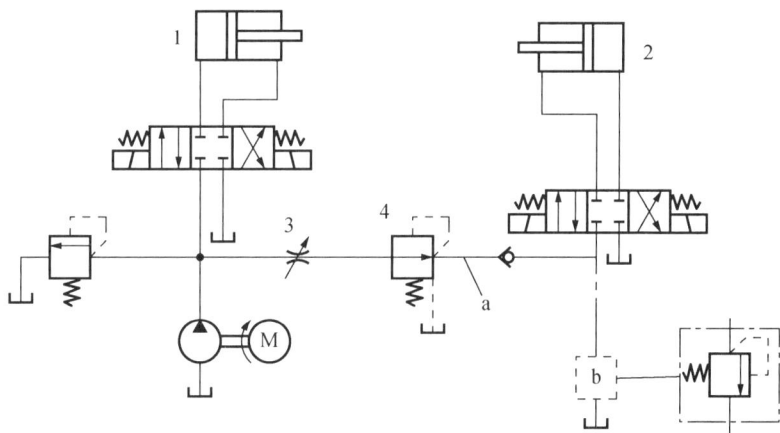

图 7-4　速度失调故障

1，2—液压缸　3—节流阀　4—减压阀

02 排除方法

将节流阀 3 从图 7-4 所示位置改为串联在减压阀 4 之后的 a 处，从而可避免减压阀泄漏对液压缸 2 速度的影响。

4. 液压缸停歇时间过长引起减压阀二次压力升高

01 故障分析

如图 7-4 所示，当液压缸 2 停歇时间较长时，有少量油液通过三位四通电磁换向阀阀芯间隙经先导阀排出，保持该阀处于工作状态。阀内泄漏使得经先导阀的流量加大，减压阀的二次压力增大。

02 排除方法

如图 7-4 所示，在减压回路中加接图中虚线油路，并在 b 处装设一安全阀，确保减压阀出口压力不超过其调压值。

5. 系统泄压时出现冲击振动和噪声

对于液压缸直径大于 250mm、压力大于 7MPa 的液压系统，通常其保压油腔在排油前就须先泄压。有些系统在泄压时会出现冲击振动和噪声。

01 故障分析

泄压速度太快，即保压结束换向回程中，液压缸上腔压力及储存的能量未泄完，液压缸下腔压力已升高，致使液控单向阀的卸载小阀芯和主阀芯同时打开，引起缸上腔突然放油，流量很大，泄压过快，导致出现液压冲击振动和噪声。

02 排除办法

排除此故障应控制泄压速度，延长泄压时间，所以要通过控制液控单向阀控制管路流量，降低控制活塞的运动速度。为此，在液控单向阀控制油路上设置一单向节流阀。

图 7-5 所示为泄压冲击振动和噪声故障与排除方法。

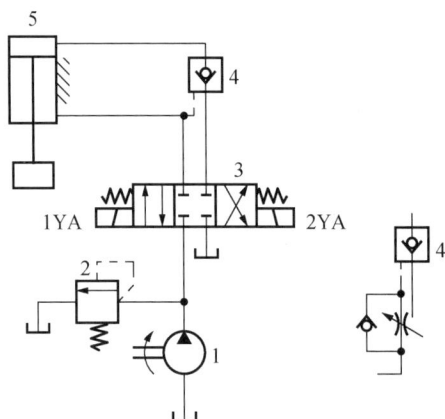

图 7-5　泄压冲击振动和噪声故障与排除方法

1—液压泵　2—溢流阀　3—三位四通电磁换向阀　4—液控单向阀　5—液压缸

6. 液压缸停止后缓慢下滑

在图 7-6 所示的液压系统中，当系统停机时液压缸会出现缓慢下滑的现象。在停机状态下，电磁铁处于失电状态，单向顺序阀也处于关闭状态。

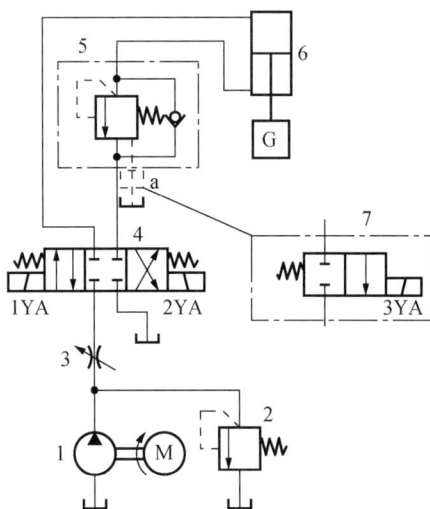

图 7-6　液压缸停止后缓慢下滑

1—液压泵　2—溢流阀　3—可调节流阀　4—三位四通电磁换向阀　5—单向顺序阀　6—液压缸　7—二位二通电磁换向阀

01　故障分析

此故障主要是由液压缸 6 的活塞杆密封磨损造成的外泄漏、单向顺序阀 5 及三位四通电磁换向阀 4 的内部出现内泄漏，并且泄漏量较大所致。

02　排除办法

解决"故障分析"中所述的泄漏问题便可排除此故障。将单向顺序阀 5 改为液控单向阀，对防止缓慢下滑较为有益。

7. 液压缸不能及时换向

在图 7-7 所示的液压系统中，当电液控三位四通换向阀 3 切换工作状态时，液压缸 4 总会滞后一段时间再动作，致使工作机不能达到要求的精度。

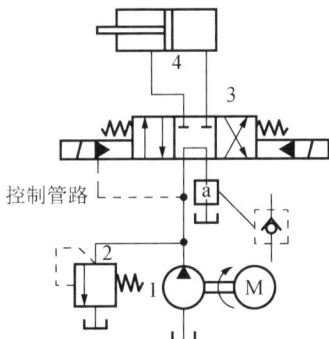

图 7-7　液压缸不能及时换向

1—液压泵　2—溢流阀　3—电液控三位四通换向阀　4—液压缸

01　故障分析

回路中利用电液控三位四通换向阀 3 的 M 型（也可以是 H 型、K 型）中位机能卸荷。由于中位时系统压力卸为 0，待卸荷结束发出换向信号（电磁铁通电）后，要经一定延时，控制管路中的油液压力才能从 0 升至可使电液控三位四通换向阀 3 中液动主阀换向所需的压力，从而造成执行元件不能及时换向。

02　排除方法

为确保一定的控制压力（通常为 0.3MPa 左右），可在图 7-7 中 a 处加装一个起背压作用的阀（单向阀、溢流阀或顺序阀均可），以保证电液控三位四通换向阀 3 控制油压的大小，使换向及时可靠。

7.1.2　速度控制回路故障的分析与排除

速度控制回路是控制执行元件速度的回路，是液压系统中常用的调速基本回路，有调速回路、快速回路、工作进给速度换接回路等，主要控制方式有阀控、泵控和执行元件控制三种。

1. 液压缸易发热引起缸内泄漏增大

01 故障分析

如图 7-8 所示，进油节流调速回路节流后热油进入液压缸，导致液压缸易发热，缸内泄漏增大。泄漏量增大使得进油节流调速回路也不能承受超越负载。

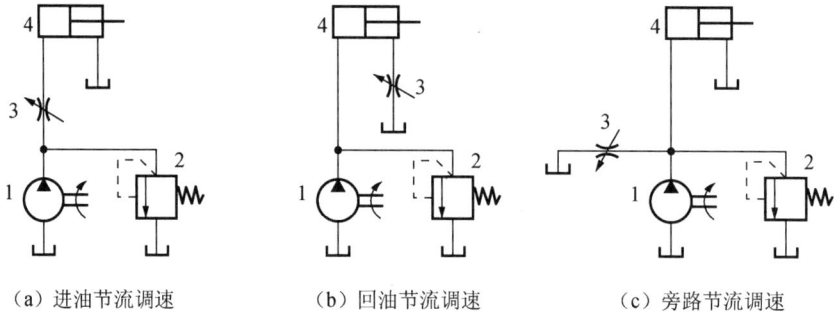

（a）进油节流调速　　　　（b）回油节流调速　　　　（c）旁路节流调速

图 7-8　液压缸易发热引起缸内泄漏增大

1—液压泵　2—溢流阀　3—可调节流阀　4—液压缸

02 排除方法

采用回油节流调速回路和旁路节流调速回路，通过节流阀的热油直接排回油箱，有利于热量耗散。在进油节流和旁路节流调速回路中，可采取在其回油路上增设背压阀的方法增大承载能力，从而承受超越负载，但功率损失会增大。而回油节流调速回路能承受超越负载。

2. 停车后再启动时冲击较大

01 故障分析

回油节流调速停车时，液压缸回油腔内常因泄漏而形成空隙，再启动时的瞬间，泵的全部流量输入缸的工作腔，推动缸快速前进，产生启动冲击，直至消除回油腔内的空隙建立起背压后，才转入正常。启动冲击有可能损坏切削刀具或工件，造成事故。

02 排除方法

停车时不要使得液压缸的回油腔接通油箱，这种方法可减小启动冲击。对于进油节流调速回路，只要在开车时将节流阀开度调小，使进入液压缸的流量受到限制就可避免启动冲击。

3. 速度稳定性差

01 故障分析

节流阀的进油和回油节流调速回路在高速大负载工况速度稳定性差。

02 排除方法

旁路节流调速回路在高速大负载工况速度稳定性要好些，采用调速阀比采用节流阀的节流调速回路速度稳定性好；调速阀节流调速回路用于速度稳定性要求高的系统，但调速阀节流调速回路成本高，能耗大。

4. 变量泵-定量马达容积调速回路中液压马达产生超速运动

在容积调速回路中，有开式和闭式，实际工业中多为闭式调速回路，主要有变量泵-定量马达（缸）回路、定量泵-变量马达回路、变量泵-变量马达回路。

闭式容积调速回路因散热条件较差，常常需要设置补油装置以补偿回路中的泄漏。

01 故障分析

由于受到被起吊重物的负载、外界干扰及换向冲击压力等的影响，液压马达在图 7-9 中 a 处的外控单向顺序阀前常产生超速（超限）转动的现象。

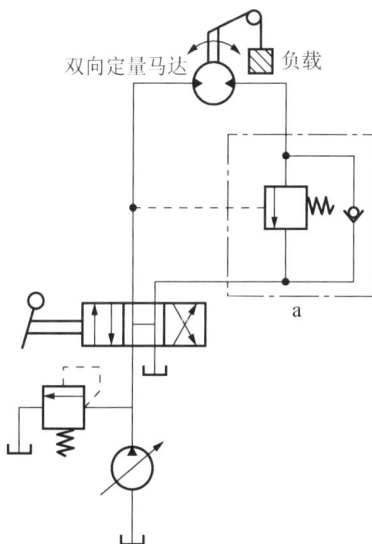

图 7-9　变量泵-定量马达容积调速回路超速故障

02 排除方法

当回路中加入外控顺序阀后，即使会出现外界扰动的影响，也不会影响到马达的转速。当液压马达超速转动时，顺序阀的控制压力下降，此时利用平衡阀将液压马达的回油量调节为较小，即平衡阀在这里起到出口节流的作用，从而避免了马达的超速转动。

5. 定量泵-变量马达容积调速回路中液压马达不能迅速停住

通常，在定量泵-变量马达容积调速回路（图 7-10）中切换换向阀的工作位置即可使马达实现速度的变化或停止运动。有时，为了使旋转着的油马达停止转动，即使液压泵停止向马达供油或切断供油通道，马达仍然不能迅速停止转动，影响工作机的工作效果。

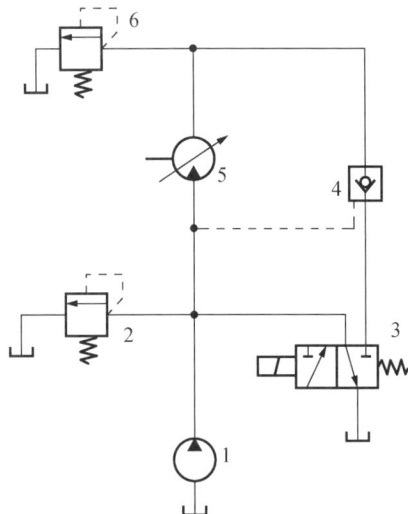

图 7-10 定量泵-变量马达容积调速回路

1—液压泵 2—溢流阀 3—二位三通电磁换向阀 4—液控单向阀 5—变量马达 6—背压阀

01 故障分析

上述故障原因通常是马达回转件的惯性和负载的惯性使油马达不能迅速停住。

02 排除方法

在液压马达的回油路中安装一个背压阀 6，使液压马达回油受到溢流阀所调节的压力（背压）产生制动力而被迅速制动。当起制动的背压超出所调压力，溢流阀打开，又可起到保护作用。所以当马达需要准确停止时，应设置溢流阀制动的回路。

7.1.3 方向控制回路故障的分析与排除

方向控制回路是液压系统的重要组成部分，合理的设计与使用维护，能够延长换向阀的使用寿命，减少故障。方向控制的基本方法有阀控、泵控和执行元件控制。阀控主要采用方向控制阀分配液压系统的能量，泵控采用双向液压泵改变液流的方向和流量，执行元件控制采用双向液压马达改变液流方向。

1. 单作用液压缸换向时不能前进

在图 7-11 所示的单作用液压缸换向回路中，当二位三通电磁换向阀得电时液压缸不动作，致使执行端的工作机不动。

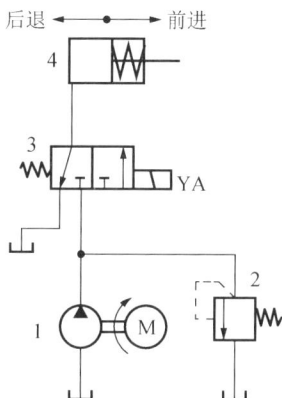

图 7-11　单作用液压缸换向回路故障

1—液压泵　2—溢流阀　3—二位三通电磁换向阀　4—液压缸

01 故障分析

液压缸换向时停止不动，可能存在的原因有：二位三通电磁换向阀 3 的电磁铁 YA 未能通电；溢流阀 2 有故障压力上不去；液压缸中的弹簧太硬；活塞及活塞杆的密封过紧或其他原因产生的摩擦力太大；液压缸因磨损等原因使活塞杆"别劲"等。

02 排除方法

逐一查明上述原因予以排除即可。

2. 液压缸不换向或换向效果不好

01 故障分析

液压缸不换向或换向过程中出现振动及不稳定，原因在于液压泵、换向阀或节流阀等各种阀、液压缸的密封机构及回路中的泄漏等各种原因。

02 排除方法

检查液压泵的压力是否正常；对系统中的各种阀进行检查，是否出现阀芯的卡滞及污染；更换液压缸的密封；检查并排除回路的泄漏。

3. O 型（或 M 型）中位机能换向阀在中位时液压缸仍然微动

01 故障分析

三位阀 O 型（或 M 型）中位机能换向阀在中位时液压缸仍然微动的原因多数为液压缸本身内外泄漏大或者换向阀内泄漏量大。

02 排除方法

消除缸本身泄漏或采用锁紧回路。如图 7-12 所示，可采用两个液控单向阀的锁紧回路。

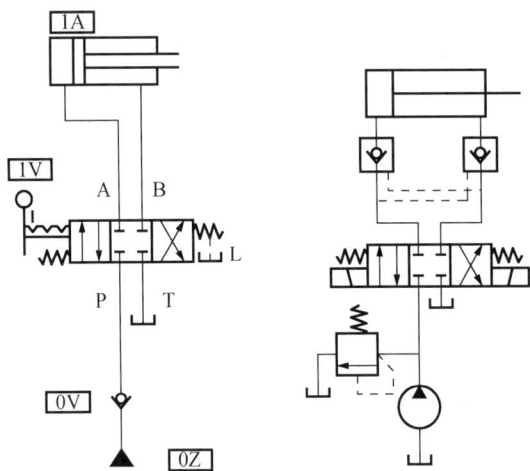

图 7-12　O 型（或 M 型）中位机能换向阀在中位

4. 液控单向阀不能迅速关闭

在液压系统中，常会出现液控单向阀不能迅速关闭，液压缸需经过一段时间后才能停止，使得系统锁紧精度差，直接影响生产。

01 故障分析

由于液控单向阀本身动作迟滞，如阀芯移动不灵活或控制活塞"别劲"等。

换向阀的中位机能选择有误。若选用 O 型、M 型等中位机能的换向阀，中位时由于液控单向阀的控制压力油被闭死而不能使其立即关闭，直至泄漏使液控单向阀控制腔泄压后，才能锁紧。

02 排除方法

三位换向阀的中位机能应该使液控单向阀控制管路中的油液快速释放压力能而立即关闭，液压缸才能马上停住。

对于液压缸双向需要锁紧的，三位换向阀的中位机能应选用 H 型、Y 型为好，如图 7-13 所示。

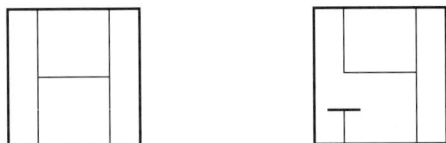

图 7-13　双向锁紧时中位机能选型

对于单方向需要锁紧的液压缸，则可考虑 K 型、J 型等中位机能的换向阀，如图 7-14 所示。

图 7-14　单向锁紧时中位机能选型

7.1.4　泄漏故障的分析与排除

液压缸是液压系统的主要执行元件，在工程应用中，液压缸的泄漏是最常见和最难解决的问题。

1. 液压油缸泄漏的方式

工程机械液压油缸泄漏的方式主要有两种：

（1）固定不动部位即静接合面液压缸缸盖与缸筒的接合处密封的泄漏。

（2）滑动部位即动接合面液压缸活塞与缸筒内壁活塞杆和缸盖导向套之间，活塞上的缓冲阀密封的泄漏，因此又可称为内泄漏和外泄漏。内泄漏主要是液压缸内部液压油从高压腔流向低压腔，外泄漏主要产生于液压缸的外部，即向液压缸的外面渗漏。

2. 液压油缸泄漏的原因

液压油缸的泄漏一般都是在使用一段时间后产生的，从表面上来看大多数是由密封件失效损坏挤出或密封表面被拉伤等原因造成的，但实际上主要是由油液污染、密封表面粗糙度不当、密封沟槽不合格、配合件间隙增大、油温过高密封圈变质、液压元件未清洗干净、装配不当而造成密封件损伤等原因造成的。

（1）油缸管接头的泄漏与连接处的加工精度、紧固强度及毛边是否被除掉等因素有关，主要表现为选用管接头的加工质量差，不起密封作用；压力脉动引起管接头松动；螺栓蠕变松动后未及时拧紧管接头；拧紧力矩不够。

（2）密封件引起的泄漏与密封件的损坏或失效有关，主要表现为密封件的材料或结构类型与使用条件不符，密封件失效、压缩量不够、老化、损伤、几何精度不合格、加工质量低劣、非正规产品密封件的硬度、耐压等级、变形率和强度范围等指标不合要求，密封件的安装不当、表面磨损或硬化，以及寿命到期但未及时更换。

（3）由零件接合面引起的泄漏与设计、加工和安装等因素都有关，主要表现是密封的设计不符合规范要求；密封沟槽的尺寸不合理；密封配合精度低，配合间隙超差；密封表面粗糙度值较大；几何公差过大；密封结构选用不当造成变形，使接合面不能全面接触；装配不细心，接合面有沙尘或因损伤而产生较大的塑性变形。

（4）壳体的泄漏主要发生在焊接件的缺陷上，在液压系统的压力脉动或冲击振动的作用下逐渐扩大，以致产生裂纹而导致泄漏。

3．排除方法

01 密封表面的粗糙度要适当

液压系统相对运动副表面的粗糙度过高或出现轴向划伤时，将产生泄漏；表面粗糙度值过低，达到镜面级时密封圈的唇边会将油膜刮去，使油膜难以形成，密封刃口产生高温加剧磨损，所以密封表面的粗糙度不可过高也不能过低。与密封圈接触的滑动面一定要有较低的粗糙度，液压缸内密封件的表面粗糙度应在 $0.2\sim0.4\mu m$ 之间，以保证运动时滑动面上的油膜不被破坏。当液压缸的杆件上出现轴向划伤时，轻者可用金相砂纸打磨，重者应电镀修复。

02 合理设计和加工密封沟槽

液压缸密封沟槽的设计或加工得好，是减少泄漏、防止油封过早损坏的先决条件。如果活塞与活塞杆的静密封处沟槽尺寸偏小，密封圈在沟槽内没有微小的活动余地，密封圈的底部就会因受反作用力的作用使其损坏而导致漏油，密封沟槽的设计主要是沟槽部位的结构形状尺寸、几何公差和密封面的粗糙度等，应严格按照标准要求进行。

03 防止油液由静密封件处向外泄漏

须合理设计静密封件密封槽尺寸及公差，使安装后的静密封件受挤压变形后能填塞配合表面的微观凹坑，并能将密封件内应力提高到高于被密封的压力。当零件刚度或螺栓预紧力不够大时，配合表面将在油液压力作用下分离，造成间隙过大，随着配合表面的运动，静密封就变成了动密封。

04 减少冲击和振动

液压系统的冲击主要产生于变压、变速、换向的过程中，此时管路内流动的液体因换向速度快和阀口的突然关闭而瞬间形成很高的压力峰值，使连接件、接头与法兰松动或密封圈挤入间隙损坏等而造成泄漏。为了减少因冲击和振动引起的泄漏，可以采取以下措施：

（1）用减振支架固定所有管子，以便吸收冲击和振动的能量。

（2）采用带阻尼的换向阀，缓慢开关阀门，在液压缸端部设置缓冲装置（如单向节流阀）。

（3）使用低冲击阀或蓄能器来减少冲击。

（4）适当布置压力控制阀来保护系统的所有元件。

（5）尽量减少管接头的使用数量且管接头尽量用焊接连接。

（6）使用螺纹直接头、三通接头和弯头代替锥管螺纹接头。

（7）针对使用的最高压力，规定安装时使用的螺栓扭矩和堵头扭矩，防止接合面和密封件被损坏。

05 减少动密封件的磨损

液压系统中大多数动密封件都经过精确设计，如果动密封件加工合格、安装正确、使用合理，均可保证长时间无泄漏。从设计角度来讲，可以采用以下措施来延长动密封件的寿命：

（1）消除活塞杆和驱动轴密封件上的径向载荷。

（2）用防尘圈、防护罩和橡胶套保护活塞杆，防止粉尘等杂质进入。

（3）使活塞杆和轴的速度尽可能低。

06 正确装配密封圈

装配密封圈时应在其表面涂油，若须通过轴上的键槽、螺纹等开口部位，应使用引导工具，不要用螺钉旋具（俗称螺丝刀）等，否则金属工具会划伤密封圈而造成漏油；对于有方向性的密封圈，如 VY 和 YX 等型密封圈，装配时应将唇口对着压力油腔，注意保护唇口，避免被零件的锐边毛边等划伤。安装组合密封件前应将密封件放在液压油中煮到一定温度，安装时应使用专用的导套和收口工具，并严格遵守厂家对密封件的安装说明。

07 控制油温

密封件过早变质的一个重要原因是油温过高。在多数情况下，当油温经常超过 60℃时，油液黏度会大大下降，密封圈会膨胀、老化、失效，结果导致液压系统产生泄漏。据研究表明，油温每升高 10℃，密封件的寿命就会减半，所以应使油液温度控制在 65℃以内。为此，应将油箱内部的出油管与回油管用隔板隔开，减少油箱到执行机构（缸或马达）之间的距离，管路上尽量少用直角弯头。另外，应注意油液与密封材料的相容性问题，须按使用说明书或有关手册选用液压油和密封件的形式与材质。

08 重视修理装配工艺

应强化防漏治漏的修理工艺，如活塞表面、缸内壁的整体或局部均可采用电刷镀、静电喷涂增厚后，再经车床切削加工至所需尺寸。铸造件或焊接件在安装前应进行探伤检查和耐压试验，耐压试验的压力相当于其最高工作压力的 150%～200%。密封件装入孔时，应用专用工具导入，防止位置偏斜以及损伤密封件。

7.2　气动系统常见故障的分析与排除

◎ **学习重点**

1. 气动系统常见故障的原因和排除方法。

2. 气动系统维护要点。

气压系统工作原理与液压系统工作原理类似。由于气动装置的气源容易获得，且结构简单，工作介质不污染环境，工作速度快，动作频率高，因此在各行业中得到了广泛应用。

7.2.1 典型故障的分析与排除

1. 空压机油泥

01 故障分析

空压机油泥产生的结果会使冷却器内部积炭，使橡胶密封圈膨胀和收缩，引起气动元件锈蚀，使电磁阀误操作，堵塞小孔空气通路等。直接影响工作可靠性。

02 排除方法

（1）空压机油选用专用油，可减少不必要的由于温度的升高而产生的化学物质。

（2）用油雾分离器将空气油泥进入气动元件之前就分离出来。

（3）定期对管路及阀体、阀芯进行清洗。

2. 换向阀换向不灵活

01 故障分析

（1）阀接合面存在平面误差，造成安装螺钉用力过大，使阀体变形，从而引起阀芯偏心。

（2）阀芯、阀孔的制造精度不高，造成摩擦力增大，使阀芯运动不灵活，甚至卡死。

（3）污染物嵌入或黏合在阀芯和阀孔配合面处，使阀芯运动阻力增大。

02 排除方法

（1）及时更换阀体。

（2）出现异常现象时，检查阀内部，并更换元件。加工制造时提高精度。

（3）提高压缩空气净化质量。

3. 气缸故障

01 故障分析

由于气缸装配不当和长期使用，气动执行元件（气缸）易发生内、外泄漏，输出力不足和动作不平稳，缓冲效果不良，并出现活塞杆和缸盖损坏等故障现象。

（1）气缸出现内、外泄漏，一般是因活塞杆安装偏心，润滑油供应不足，密封圈和密封环磨损或损坏，气缸内有杂质及活塞杆有伤痕等造成的。

（2）气缸的输出力不足和动作不平稳，一般是因活塞或活塞杆被卡住、润滑不良、供气量不足，或缸内有冷凝水和杂质等原因造成的。

（3）气缸的缓冲效果不良，一般是由缓冲密封圈磨损或调节螺钉损坏所致的。

（4）气缸的活塞杆和缸盖损坏，一般是由活塞杆安装偏心或缓冲机构不起作用而造成的。

02　排除方法

（1）当气缸出现内、外泄漏时，应重新调整活塞杆的中心，以保证活塞杆与缸筒的同轴度；须经常检查油雾器工作是否可靠，以保证执行元件润滑良好；当密封圈和密封环出现磨损或损坏时，须及时更换；若气缸内存在杂质，应及时清除；活塞杆上有伤痕时应更换新的。

（2）应调整活塞杆的中心；检查油雾器的工作是否可靠，供气管路是否被堵塞。当气缸内存有冷凝水和杂质时，应及时清除。

（3）应更换密封圈和调节螺钉。

（4）应调整活塞杆的中心位置，更换缓冲密封圈或调节螺钉。

7.2.2　气动系统的维护要点

针对气动系统的各种故障，定期定时对设备系统进行维护维修是一个不可缺少的重要环节。

01　保证供给洁净的压缩空气

压缩空气中通常都含有水分、油分和粉尘等杂质。水分会使管道、阀和气缸腐蚀；油分会使橡胶、塑料和密封材料变质；粉尘造成阀体动作失灵。选用合适的过滤器，可以清除压缩空气中的杂质，使用过滤器时应及时排除积存的液体，否则当积存液体接近挡水板时，气流仍可将积存物卷起。

02　保证空气中含有适量的润滑油

大多数气动执行元件和控制元件都要求适度的润滑。如果润滑不良将会发生以下故障：①由于摩擦阻力增大而造成气缸推力不足，阀芯动作失灵；②由于密封材料的磨损而造成空气泄漏；③由于生锈造成元件的损伤及动作失灵。润滑的方法一般采用油雾器进行喷雾润滑，油雾器一般安装在过滤器和减压阀之后。油雾器的供油量一般不宜过多，通常每 $10m^3$ 的自由空气供 1mL 的油量（即 40～50 滴油）。检查润滑是否良好的一个方法是找一张清洁的白纸放在换向阀的排气口附近，如果阀在工作 3～4 个循环后，白纸上显示很淡的斑点，则表明润滑是良好的。

03　保持气动系统的密封性

漏气不仅增加了能量的消耗，而且也会导致供气压力的下降，甚至造成气动元件工作失常。严重的漏气在气动系统停止运行时，由漏气引起的响声很容易发现；轻微的漏气则利用仪表，或用涂抹肥皂水的办法进行检查。

04 保证气动元件中运动零件的灵敏性

从空压机排出的压缩空气，包含粒度为 0.01～0.08μm 的压缩机油微粒，在排气温度为 120～220℃ 的高温下，这些油粒会迅速氧化，氧化后油粒颜色变深，黏性增大，并逐步由液态固化成油泥。这种微米级以下的颗粒，一般过滤器无法滤除。当它们进入到换向阀后便附着在阀芯上，使阀的灵敏度逐步降低，甚至出现动作失灵。为了清除油泥，保证灵敏度，可在气动系统的过滤器之后安装油污分离器，将油泥分离出来。此外，定期清洗阀也可以保证阀的灵敏度。

05 保证气动装置具有合适的工作压力和运动速度

调节工作压力时，压力表应当工作可靠，读数准确。减压阀与节流阀调节好后，必须紧固调压阀盖或锁紧螺母，以防止松动。

思 考 题

1. 液压缸速度调节失灵或速度不稳定的故障原因是什么？如何排除？
2. 液压系统中液压缸不能及时换向的故障原因是什么？如何排除？
3. 分析液控单向阀不能迅速关闭的故障原因及排除方法。
4. 液压缸泄漏的主要原因是什么？
5. 气动系统中气缸的故障主要有哪些？产生的原因是什么？

附　　录

附录 1　电子气动元件的功能与符号

序号	名称	功能	符号
1	带定位开关	常开开关	
2	按钮开关	常开开关	
3	带定位开关	常闭开关	
4	按钮开关	常闭开关	
5	灯泡	灯指示	
6	蜂鸣器	声音指示	
7	电磁阀线圈	使电磁阀动作	
8	继电器线圈	使开关动作	
9	时间继电器	延时关	
10	时间继电器	延时开	
11	继电器触点	常开触点	
12	继电器触点	常闭触点	
13	继电器触点	通断转换	
14	压力传感器	感测压力	

续表

序号	名称	功能	符号
15	计数器	计数继电器	A1 R1 ○ 5 A2 R2
16	电感接近开关	位置探测	
17	电容接近开关	位置探测	
18	光电接近开关	位置探测	
19	磁感应接近开关	位置探测	

附录 2　常用液压与气动图形符号

名称	图形符号	名称	图形符号
单向定量液压泵		液压整体式传动装置	
双向定量液压泵		摆动马达	
单向变量液压泵		单作用弹簧复位缸	
双向变量液压泵		单作用伸缩缸	
单向定量马达		双作用单活塞杆缸	
双向定量马达		双作用双活塞杆缸	
单向变量马达		双作用伸缩缸	
双向变量马达		增压器	
单向缓冲缸		直动型溢流阀	
双向缓冲缸		先导型溢流阀	
定量液压泵-马达		先导型比例电磁溢流阀	
变量液压泵-马达		卸荷溢流阀	
双向溢流阀		分流阀	
直动型减压阀		不可调节流阀	

名称	图形符号	名称	图形符号
先导型减压阀		可调节流阀	
直动型卸荷阀		可调单向节流阀	
制动阀		减速阀	
溢流减压阀		带消声器的节流阀	
先导型比例电磁式溢流阀		调速阀	
定比减压阀		温度补偿调速阀	
定差减压阀		旁通型调速阀	
直动型顺序阀		单向调速阀	
先导型顺序阀		分流集流阀	
单向顺序阀（平衡阀）		单向阀	
集流阀		液控单向阀	
液压锁		分水排气器	
或门型梭阀		空气过滤器	

名称	图形符号	名称	图形符号
与门型梭阀		除油器	
快速排气阀		空气干燥器	
二位二通换向阀		油雾器	
二位三通换向阀		气源调节装置	
二位四通换向阀		冷却器	
二位五通换向阀		加热器	
三位四通换向阀		蓄能器	
三位五通换向阀		四通电液伺服阀	
过滤器		温度调节器	
磁芯过滤器		气罐	
污染指示过滤器		压力计	
液面计		液压源	
温度计		气压源	
流量计		电动机	
压力继电器		原动机	
消声器		气液转换器	

参 考 文 献

简引霞, 孙兆元. 2009. 液压与气动技术. 北京: 国防工业出版社.

兰建设. 2002. 液压与气压传动. 北京: 高等教育出版社.

卢光贤. 1993. 机床液压传动与控制. 西安: 西北工业大学出版社.

路甬祥. 2002. 液压气动技术手册. 北京: 机械工业出版社.

栾祥. 2011. 液压与气动技术. 北京: 化学工业出版社.

马振福. 2004. 液压与气压传动. 北京: 机械工业出版社.

毛好喜. 2009. 液压与气动技术. 北京: 人民邮电出版社.

时彦林. 2015. 液压传动. 3 版. 北京: 化学工业出版社.

王瑞清, 马宏革. 2012. 电气液压与气动技术. 北京: 化学工业出版社.

许福玲, 陈尧明. 2011. 液压与气压传动. 3 版. 北京: 机械工业出版社.

许贤良, 王传礼. 2006. 液压传动. 北京: 国防工业出版社.

张福臣. 2006. 液压与气压传动. 北京: 机械工业出版社.

赵波, 王宏元. 2012. 液压与气动技术. 3 版. 北京: 机械工业出版社.

中国机械工程学会设备维修分会《机械设备维修问答丛书》编委会. 2005. 液压与气动设备维修问答. 北京: 机械工业出版社.

周建清, 杨永年. 2014. 气动与液压实训. 北京: 机械工业出版社.